3S技术及其在水利工程施工与管理中的应用

主　编：张成才　杨　东
副主编：常　静　靳记平　郑　涛
　　　　赵永昌　陈晓年

U0250148

WUHAN UNIVERSITY PRESS
武汉大学出版社

图书在版编目(CIP)数据

3S 技术及其在水利工程施工与管理中的应用/张成才,杨东主编.
—武汉:武汉大学出版社,2014.7
ISBN 978-7-307-13339-6

Ⅰ.3⋯　Ⅱ.①张⋯　②杨⋯　Ⅲ.①遥感技术—应用—水利工程—
施工管理　②地理信息系统—应用—水利工程—施工管理　③全球定
位系统—应用—水利工程—施工管理　Ⅳ.TV512-39

中国版本图书馆 CIP 数据核字(2014)第 092441 号

责任编辑:胡　艳　　　责任校对:鄢春梅　　　版式设计:马　佳

出版发行:**武汉大学出版社**　(430072　武昌　珞珈山)
(电子邮件:cbs22@whu.edu.cn　网址:www.wdp.com.cn)
印刷:武汉中远印务有限公司
开本:720×1000　1/16　印张:16.75　字数:240 千字　插页:1
版次:2014 年 7 月第 1 版　　2014 年 7 月第 1 次印刷
ISBN 978-7-307-13339-6　　定价:39.00 元

前　言

　　随着 RS、GPS、GIS 技术的研究应用逐步深度化、广度化发展，它们已由传统的独立各自发展走向相互结合、相互渗透的综合化发展，形成了 3S 集成技术，为科学研究、工程应用、社会生产提供了新一代的观测手段、描述语言和思维工具。3S 技术的集成，取长补短，RS 主要是负责信息的采集，它从空中获取地面信息，为 GIS 提供数据，是重要的数据源；GPS 主要是对遥感影像中提取的信息进行精确定位并赋予坐标，从而定位由 RS 获取的图形信息，然后将定位后的数据提供给 GIS 进行数据处理和分析；GIS 是信息的"大管家"，在获取由 RS、GPS 提供的数据后，通过 GIS 空间数据存储、处理、分析和显示等功能，建立空间数据库，完成数据的存储、分析和处理。3S 技术集成实现了高度化、实时化、智能化的对地观测，完成了对数据的自动、实时采集、更新和处理，为用户做出预测和决策提供了科学依据。

　　现代水利工程一般工程规模大、技术高、工期长，水利工程施工与管理过程中所涉及的数据量非常巨大，既有实时数据，又有环境数据、历史数据；既有栅格数据（如遥感数据），又有矢量数据、属性数据，获取、组织、存储和管理这些不同性质的数据是一件非常复杂的事情。3S 技术凭借其快速、准确、实时、集成的特点，为水利工程施工与管理提供了强有力的技术支撑，解决了水利工程中的众多业务管理问题。

　　相对于传统的信息获取手段，RS 技术具有宏观、快速、动态、经济等特点，是水利工程信息采集的重要手段；水利工程信息中70% 以上数据与空间地理位置有关，GIS 技术不仅可以用于存储和管理各类海量水利工程信息，还可以用于水利工程信息的可视化查询与网上发布，是水利工程信息存储、管理和分析的强有力工具；随着水利工程勘探深度不断加大、勘探分辨率要求不断提高，许多传统的测绘方法和技术已无法满足现代工程建设的需要，GPS 技术凭借其全能性、全球性、全天候、连续性和实时性的精密三维导航与定位功能，以及良好的抗干扰性和保密性等高效性能，成为了获取水利信息空间位置的必不可少的手段。

作者近几年在国家自然科学基金、河南省创新人才计划、河南省基础研究项目以及河南省水利第一工程局科研项目的支持下开展了大量有关水利工程信息化技术方面的研究工作，本书许多内容都是这些项目的研究成果。本书出版得到河南省基础研究计划项目（132300410031）、郑州市科技局科研计划项目（121PPTG360-6）、河南省高校科技创新团队支持计划（13IRTSTHN030）、郑州大学教学研究与改革项目的支持。研究生张昴和程帅在编写过程中做了大量工作，在此表示感谢。

本书共分为六章，第一章介绍了 RS、GPS、GIS 技术和 3S 集成技术；第二章详细介绍了 3S 技术在水利工程测量中的应用；第三章详细阐述了 3S 技术在水利工程设计与施工中的应用；第四章具体分析了 3S 技术在水利工程建设与管理中的应用；第五章讲述了 3S 技术在大坝安全监测中的应用；第六章详细阐述了 3S 技术在灌区信息化中的应用，主要是作者近几年将 3S 技术应用在灌区信息化中所取得的一些成果；第七章介绍了 GPS 系统在南水北调中线河南郑州段施工中的应用。

本书由张成才确定整体结构，编写人员有杨东、常静、靳记平、郑涛、赵永昌、陈晓年。各章编写分工为：第一章至第三章由张成才和常静编写；第三章和第四章由常静和陈晓年编写；第五章由郑涛编写；第六章由张成才和杨东编写；第七章由杨东、靳记平和赵永昌编写。全书由张成才统稿和定稿。

由于各方面的原因，书中定有不妥或错误之处，欢迎读者批评指正。

作 者
2014 年 3 月

目　录

第一章　3S 技术基础理论

第一节　遥感基础理论

一、遥感概述

遥感技术是 20 世纪 60 年代蓬勃发展起来的，伴随着现代物理学、空间技术、电子技术、计算机技术、信息科学、环境科学等的发展，遥感技术目前已经成为一种影像遥感和数字遥感相结合的先进、实用的综合性探测手段，广泛应用于农业、林业、地理、水文、海洋、气象、环境监测、地球资源勘探以及军事侦察等各个领域。

遥感（Remote Sensing，RS）是通过遥感器这类对电磁波敏感的仪器，在远离目标和非接触目标物体条件下探测目标地物，获取其反射、辐射或散射的电磁波信息（如电场、磁场、电磁波、地震波等信息），并进行提取、判定、加工处理、分析与应用的一门科学和技术。

按所利用的电磁波的光谱段分类，可将遥感分为可见光/反射红外遥感、热红外遥感、微波遥感三种类型。

（1）可见光/反射红外遥感。该类型是指利用可见光（0.4 ~ 0.7μm）和近红外（0.7 ~ 2.5μm）波段的遥感技术统称，前者是人眼可见的波段，后者是反射红外波段，人眼虽不能直接看见，但其信息能被特殊遥感器所接收。两者共同的特点是，辐射源都是太阳，在这两个波段上只反映地物对太阳辐射的反射，根据地物反射率的差异，就可以获得有关目标物的信息，它们都可以用摄影方式和扫描方式成像。

（2）热红外遥感。该类型是指通过红外敏感元件，探测物体的热辐射能量，显示目标的辐射湿度或热场图像的遥感技术的统称。遥感中，地物在常温（约300K）下热辐射的绝大部分能量位于8～14μm波段范围，在此波段地物的热辐射能量大于太阳的反射能量。热红外遥感具有昼夜工作的能力。

（3）微波遥感。该类型是指利用波长1～1000mm电磁波遥感技术的统称。通过接收地面物体发射的微波辐射能量，或接收遥感仪器本身发出的电磁波束的回波信号，对物体进行探测、识别和分析。微波遥感的特点是对云层、地表植被、松散沙层和干燥冰雪具有一定的穿透能力，且能夜以继日的全天候工作。

按遥感平台的高度分类大体上可分为航天遥感、航空遥感和地面遥感。

（1）航天遥感。称为太空遥感（Space Remote Sensing），泛指利用各种太空飞行器为平台的遥感技术系统，以地球人造卫星为主体，包括载人飞船、航天飞机和太空站，有时也把各种行星探测器包括在内。卫星遥感是航天遥感的组成部分，以人造地球卫星作为遥感平台，主要利用卫星对地球和低层大气进行光学和电子观测。

（2）航空遥感。泛指从飞机、飞艇、气球等空中平台对地观测的遥感技术系统。

（3）地面遥感。主要指以高塔、车、船为平台的遥感技术系统，地物波谱仪或传感器安装在这些地面平台上，可进行各种地物波谱测量。

遥感作为一门对地观测综合性技术，它的出现和发展是人们认识和探索自然界的客观需要，更有其他技术手段无法比拟的如下特点：

（1）大面积同步观测。遥感探测能在较短的时间内，从空中乃至宇宙空间对大范围地区进行对地观测，并从中获取有价值的遥感数据。例如，一张陆地卫星图像，其覆盖面积可达3万多平方千米。这种展示宏观景象的图像，对地球资源和环境分析极为重要。

（2）时效性强。获取信息的速度快、周期短。由于卫星围绕地球运转，从而能及时获取所经地区的各种自然现象的最新资料，以便更新原有资料，或根据新旧资料变化进行动态监测，这是人工实地测量和航空摄影测量无法比拟的。例如，陆地卫星4、5，每16天可覆盖地球一遍；NOAA气象卫星每天能收到两次图像；Meteosat每30分钟获得同一地区的图像。

（3）数据的综合性与可比性。遥感探测所获取的是同一时段、覆盖大范围地区的遥感数据，这些数据综合展现了地球上许多自然与人文现象，宏观地反映了地球上各种事物的形态与分布，真实地体现了地质、地貌、土壤、植被、水文、人工构筑物等地物的特征，全面揭示了地理事物之间的关联性，并且这些数据在时间上具有相同的现势性。同时，遥感探测获取信息的手段多、信息量大。根据不同的任务，遥感技术可选用不同波段和遥感仪器来获取信息。例如，可采用可见光探测物体，也可采用紫外线、红外线和微波探测物体。利用不同波段对物体不同的穿透性，还可获取地物内部信息，如地面深层、水的下层、冰层下的水体、沙漠下面的地物特性等，微波波段还可以全天候地工作。

（4）较高的经济与社会效益。遥感探测获取信息受条件限制少。在地球上有很多地方，自然条件极为恶劣，人类难以到达，如沙漠、沼泽、高山峻岭等。遥感技术由于不受地面条件的限制，可方便及时地获取各种宝贵资料。

二、遥感信息的提取方式

遥感信息提取的方式主要有三种：目视判读提取、基于分类的遥感信息提取和基于知识发现的遥感专题信息提取。

1. 目视判读提取

目视判读提取是早期从遥感影像中提取信息的主要方法。目视判读能综合利用地物的色调或色彩、形状、大小、阴影、纹理、图案、位置和布局等影响特征知识，以及有关地物的专家知识，并结合其他非遥感数据资料，进行综合分析和逻辑推理，因此可以提取较高精度的专题信息。与非遥感的传统方法相比，该方法具有明显的优势。

2. 基于分类方法的遥感信息提取

该方法是遥感信息提取中最常使用的方法之一，其技术核心是对遥感图像的分割，分为非监督分类和监督分类。对非监督分类而言，其所分的结果需要专家进行判读和类别的归并，并最终确定其所需的类型。对监督分类而言，需要选取大量的训练样区，而训练样区的选取不仅费工而且还很费时，训练样区选择的好坏也直接影响分类的结果。由于分类是建立在数理统计的基础之上，没有建立在对遥感信息机理分析和知识挖掘的基础上，这样就使得它难以实现遥感图像专题信息提取的全自动化。为此，基于知识发现的遥感专题信息提取将成为另一个相当有发展前途的方向。

3. 基于知识发现的遥感专题信息提取

基于知识发现的遥感专题信息提取是遥感信息提取的发展趋势。其基本内容包括知识的发现，应用知识建立提取模型，利用遥感数据和模型提取遥感专题信息。在知识发现方面，包括从单期遥感图像上发现有关地物的光谱特征知识、空间结构与形态知识、地物之间的空间关系知识。其中，空间结构与形态知识包括地物的空间纹理知识、形状知识以及地物边缘形状特征知识。从多期遥感图像中，除了可以发现以上知识外，还可以进一步发现地物的动态变化过程知识；从 GIS 数据库中可以发现各种相关知识。在利用知识建立模型方面，主要是利用所发现的某种知识、某些知识或所有知识建立相应的遥感专题信息提取模型。基于知识发现的遥感专题信息提取主要包括了基于光谱信息知识的遥感专题信息提取、基于地物纹理知识的专题信息提取和基于地物形状知识的专题信息提取。

三、遥感图像处理

遥感图像处理是指对遥感图像进行一系列的操作，以求达到预期目的的技术。遥感图像处理可分为两类：一是利用光学、照相和电子学方法对遥感模拟图像（照片、底片）进行处理，简称为光学处理；二是利用计算机对遥感数字图像进行一系列操作，从而获得某种预期结果的技术，称为遥感数字图像处理。遥感数字图像处理，根据抽象程度不同，可分为三个层次：狭义的图像处理、图像分析和图像解译。狭义的图像处理着重强调在图像之间进行变换。图像分析主要是对图像中感兴趣的目标进行检测和量测，从而建立对图像的描述。图像解译是进一步研究图像中各目标物的性质、特征和它们之间的相互关系，并得出对图像内容的理解以及对原来地面客观地物、场景的解译，从而为生产、科研提供真实、全面的客观世界方面的信息。

1. 遥感图像校正

遥感图像校正是指从具有畸变的图像中消除畸变的处理过程，其中包括辐射校正和几何校正。

1）辐射校正

利用遥感器观测目标物辐射或反射的电磁能量时，从遥感器得到的测量值与目标物的光谱反射率或光谱辐射亮度等物理量是不一致的，这是因为测量值中包含太阳位置及角度条件、薄雾等大气条件所引起的失真。辐射校正的目的就是为了消除这些辐射量失真。引起辐射畸变的因素有遥感器的灵敏度特性、太阳高度及地形、大气等。

由遥感器的灵敏度特性引起的畸变校正又可分为由光学系统的特性引起的畸变校正和由光电变换系统的特性引起的畸变校正。前者可以利用理想的光学系统中某点的光量与光轴到摄像面边缘的视场角的余弦几乎成正比这一性质进行校正，后者可以通过定期在地面测定光电变换系统的灵敏度特性进行校正。数据采用波段间的比值进行校正等。

由太阳高度及地形等引起的畸变校正又分为由于视场角和太阳角的关系引起的亮度变化的校正和由于地形倾斜的影响校正。前者可以通过推算阴影曲面的方法进行校正，后者可以采取用地表的法线矢量和太阳光入射矢量的夹角进行校正，以及对消除了光路辐射成分的图像数据采用波段间的比值进行校正。

由大气影响引起的畸变校正方法主要有直方图最小值去除法和回归分析法。

2）几何校正

当遥感图像在几何位置上发生了变化，产生诸如行列不均匀、像元大小与地面大小对应不准确、地物形状不规则变化等畸变时，即说明遥感影像发生了几何畸变。引起遥感影像变形的原因主要有遥感器的内部畸变、遥感平台位置和运动状态变化的影响、地形起伏的影响、地球表面曲率的影响、大气折射的影响、地球自转的影响等。

几何畸变校正是指从具有几何畸变的图像中消除畸变的过程，即定量地确定图像上的像元坐标（图像坐标）与目标物的地理坐标（地图坐标等）的对应关系（坐标变换式）。几何校正又分为几何粗校正和几何精校正。几何粗校正是针对引起畸变的原因而进行的校正。几何精校正是利用控制点进行的几何校正，它是用一种数学模型来近似描述遥感图像的几何畸变过程，并利用畸变的遥感图像与标准地图之间的一些对应点求得这个几何畸变模型，然后利用此模型进行几何畸变的校正，这种校正不考虑引起畸变的原因，它是常用的几何畸变校正方法。

2. 遥感图像增强

数字图像通常存在目视效果较差、对比度不够、图像模糊、边缘部分或线状地物不够突出、数据冗余等问题，因此需要对遥感图像进行图像增强处理，改变图像的灰度等级，提高图像的对比度，消除边缘和噪声，平滑图像，突出边缘或线状地物，锐化图像，压缩图像数据量，突出主要信息，合成彩色图像。图像增强的方法从增强的作用域出发，可分为空间域增强和频率域增强。空间域增强是通过改变单个像元及相邻像元的灰度值来增强图像；频率域增强是对图像经傅立叶变换后的频谱成分进行处理，然后逆傅立叶变换获得所需的图像。

1）辐射增强

这是指辐射增强时，通过直接改变图像中像元的亮度值来改变图像的对比度，从而改善图像质量的图像处理方法，主要手段有灰度变换、直方图修正法。

2）图像平滑

任何一幅原始图像在其获取和传输的过程中会受到各种噪声的

干扰从而导致图像恶化、质量下降、图像模糊、特征淹没，不利于图像的分析，因此，需要对图像进行图像平滑处理。图像的平滑处理是指为了抑制噪声，改善图像质量所进行的处理，它可以在空间域和频率域中进行。

3）图像锐化

在图像的识别中，经常需要突出边缘、轮廓、线状目标信息。图像锐化就是补偿图像的轮廓、增强图像的边缘及灰度跳变的部分，使图像变得清晰。图像平滑通过积分过程使得图像边缘模糊，而图像锐化则是通过微分过程使得图像边缘突出、清晰。

4）彩色增强

彩色增强技术是利用人眼的视觉特性将灰度图像编成彩色图像或者改变彩色图像已有彩色的分布，从而改善图像的可分辨性。彩色增强方法又可分为伪彩色增强和假彩色增强。

5）多光谱增强

多光谱增强技术是通过对多光谱图像进行线性变化，减少各波段信息之间的冗余，达到保留主要信息，压缩数据量，增强和提取更有目视解译效果的新波段数据的目的。

3. 图像融合

遥感图像融合是指将不同类型传感器获取的同一地区影像数据进行空间配准，然后采用一定的算法，将各影像数据中所含的信息优势有机综合，并产生新影像数据的技术。新数据比直接从众多信息源得到的信息更加简洁、更小冗余，具有描述所研究对象更为优化的信息表征。图像融合的优点在于提高影像的空间分辨率和清晰度，提高平面测图精度、分类的精度和可靠性，增强解译和动态监测能力，减少模糊度，有效地提高遥感影像数据的利用率。图像融合的方法主要有主成分分析法（PCA）、乘法、Brovey 变换法、HIS 变换法、高通滤波变换法。

四、遥感图像解译

遥感图像解译是指从遥感图像上获取目标地物信息的过程，包括了目视解译和计算机解译。

1. 目视解译

目视解译是指专业人员通过直接观察或借助判读仪器在遥感图像上获取特定目标地物信息的过程。目视解译是遥感成像的逆过程。遥感影像目视解译的标志包括色调、形状、大小、阴影、图型、纹理、位置、布局，其中，色调是最重要、最直观的解译标志。遥感图像目视解译的一般顺序是从已知到未知、先易后难、先山区后平原、先地表后深部、先整体后局部、先宏观后微观、先图形后线形。

2. 计算机解译

计算机解译又称为遥感图像理解，它以计算机系统为支撑，利用模式识别技术与人工智能技术相结合，利用遥感图像中目标地物的各种影像特征（颜色、形状、纹理与空间位置），结合专家知识库中目标地物的解译经验和成像规律等知识进行分析和推理，实现对遥感图像的理解，完成对遥感图像的解译。

五、"资源三号"卫星系统

1. 概述

长期以来，我国获取各种地理空间信息影像主要是依靠航空摄影和采购卫星遥感影像等手段，但由于航空摄影受天气、航空管制等诸多因素影响，目前我国航空摄影的成像能力远远满足不了国民经济发展的需求，因而对高分辨率卫星遥感影像的需求异常迫切。国家每年需花费大量的经费购买国外卫星遥感影像，用于基础地理信息产品的生产与更新，但由于国外遥感卫星不是专门针对我国测绘需求设计的，因而在测区范围、覆盖周期等方面受到严重的制约，无法实时有效地获取地面原始影像。高分辨率卫星遥感影像贫乏，已经成为制约我国地理信息产业发展的瓶颈问题。"资源三号"卫星系统就是为解决这一瓶颈问题而开发的。

"资源三号"卫星系统是由中国航天科技集团所属中国空间技术研究院研制生产的，是中国第一颗自主的民用高分辨率立体测绘卫星，已于2012年1月9日11时17分在太原卫星发射中心由长征四号乙运载火箭成功发射。该卫星通过立体观测，可以测制

1:5 万比例尺地形图,为国土资源、农业、林业等领域提供服务,"资源三号"将填补我国立体测图这一领域的空白。"资源三号"卫星系统可对地球南北纬 84 度以内地区实现无缝影像覆盖,回归周期为 59 天,重访周期为 5 天,设计工作寿命为 4 年。

2. "资源三号"卫星系统的组成

"资源三号"卫星系统由卫星系统、运载火箭系统、发射场系统、测控系统、地面系统、应用系统六大系统组成。

(1)卫星系统。卫星由有效载荷和服务平台两部分组成,由中国航天科技集团公司第五研究院研制生产。

(2)运载火箭系统。"资源三号"卫星将采用由中国航天科技集团公司第八研究院研制生产的长征四号乙(CZ-4B)运载火箭发射。

(3)发射场系统。太原卫星发射中心负责"资源三号"卫星发射。

(4)测控系统。西安卫星测控中心负责卫星测控任务。

(5)地面系统。地面系统负责接收"资源三号"卫星数据,并及时传送给应用系统。地面系统将在现有陆地观测卫星数据全国接收站网的基础上,由分布在北京、喀什、三亚的三个地面接收站接收并传输。

(6)应用系统。作为卫星主用户,国家测绘地理信息局负责"资源三号"卫星应用系统的建设。将建设一个业务化运行的卫星应用系统,长期、稳定、高效地将高分辨率卫星影像转化为高质量的基础地理信息产品,形成基于"资源三号"卫星的基础地理信息生产与更新的技术应用体系,充分发挥"资源三号"卫星工程效益。

3. "资源三号"卫星相关技术介绍

1)"资源三号"测绘卫星平台和载荷的基本参数

根据我国航天卫星平台的发展和应用经验,"资源三号"测绘卫星采用我国资源卫星系列使用的大卫星平台,卫星平台的主要参数如表 1-1 所示。

表1-1 "资源三号"卫星平台参数

平台指标	指标参数
卫星重量（kg）	2650
星上固存容量（TB）	1
平均轨道高度（km）	505.984
轨道倾角（°）	97.421
降交点地方时	10点30分
轨道周期（min）	97.716
回归周期（d）	59
设计寿命（a）	5

"资源三号"测绘卫星上搭载4台光学相机，其中3台全色相机按照前视22°、正视和后视22°设计安装，构成了三线阵立体测图相机；另一台多光谱相机包含红、绿、蓝和红外4个谱段，用于与正视全色影像融合和地物判读与解译。为了保证卫星影像的辐射质量，4台光学相机的影像都是按照10bit进行辐射量化，"资源三号"测绘卫星4个相机的主要参数见表1-2。

表1-2 "资源三号"卫星载荷主要参数

载荷参数	三线阵相机	多光谱相机
光谱范围（μm）	0.5~0.8	蓝：0.45~0.52 绿：0.52~0.59 红：0.63~0.69 近红外：0.77~0.89
地面像元 分辨率（m）	下视2.1 前后视3.5	5.8
焦距（mm）	1700	1750
量化比特数（bit）	10	10
像元尺寸	下视24387（8129×3）×7μm 前后视16384（4096×4）×10μm	9216（3072×3）×20μm

2）"资源三号"卫星的三线阵相机及三线阵成像

三线阵成像是"资源三号"卫星的最大特点之一。三线阵即 3 台相机以 1 台朝前、1 台朝下、1 台朝后的方式排列，沿卫星飞行轨道对地面相应位置进行跟踪拍摄。图像处理时，以下视镜头拍摄的图像为基准，将前、后视图像与之合在一起，就可以形成立体影像。过去，我国卫星都是平面成像，在斜拍情况下，遇到高山、深谷等时容易产生较大位差。如今，通过立体图，可使精度大大提高，把误差缩小到几米之内。

"资源三号"测绘卫星是线阵推扫式光学卫星 3 台全色相机采用的透射式测绘相机，幅宽均大于 50km。相机的 CCD 采用了线阵拼接的方案。其中，前后视相机是 4 片 TDI CCD 拼接，正视相机是 3 片 TDI CCD 拼接。正视相机是将 3 片 CCD 在焦面上交错安装在透射区和反射区上，形成近似直线的一条连续 CCD 阵列。

4. "资源三号"卫星的应用

卫星的主要任务是长期、连续、稳定、快速地获取覆盖中国的高分辨率立体影像和多光谱影像，为国土资源调查与监测、防灾减灾、农林水利、生态环境、城市规划与建设、交通、国家重大工程等领域的应用提供服务。

1）地形测绘

可测制 1：5 万比例尺地形图，"资源三号"卫星主要用于基础地形图的测制和更新以及困难地区测图和城市测图。

2）农林水土资源勘测

在农业领域，"资源三号"卫星可以为各种规模的农作物监测、农业工程规划等提供高分辨率卫星影像，满足农业资源调查、结构调整等方面的需求。而在林业领域，可利用高分辨率影像对森林病虫害、森林火灾等进行调查和监测，及时提供危害范围和等级等信息。"资源三号"卫星提供的立体影像还可获得植被、阴影、沙壤、轻壤等遥感分量图，融合影像色彩丰富、纹理清晰。此外，还可提取江河流域的土地利用类型和植被信息，为一定水深的悬浮物和泥沙分布研究、河口近海水域盐度与温度测量、水体叶绿素浓度估算等提供重要的辅助决策信息。

3）环境、交通信息检测

在环境监测领域，"资源三号"卫星可为流域水污染、大江、大河水环境质量、重大污染物泄漏、矿产资源开发的生态破坏、城市生态等多方面的连续监测提供 5～10m 空间分辨率的卫星影像，实现大范围、全天候、全天时的动态环境监测。在交通领域，"资源三号"卫星的高分辨率影像可用于公路、铁路的初步设计、交通绿化设计等领域。在输电线路工程中，应用卫星影像资料在缩短路径长度、避开不良地质带（如滑坡、崩塌、泥石流、强地震区等地段）、减少房屋拆迁、选择较佳交跨越点等方面效果显著。

第二节　全球导航定位系统基础理论

全球导航定位系统可提供高精度、全天时、全天候的导航定位和授时服务，是一种可供海、陆、空领域军、民用户共享的信息资源。近 10 多年来，以 GPS 为代表的卫星导航定位系统正在成为全世界、全社会的天基时空基准，成为国家安全和经济社会不可或缺的信息基础设施，在国防、国家安全、经济安全和社会生活中发挥越来越重要的作用。随着卫星导航的广泛应用，卫星导航已成为一个全球性的高技术产业，是继移动通信和互联网之后，IT 产业的第三个经济增长点。2006 年国际 GPS 总产值达到 400 多亿美元，2008 年达到 600 多亿美元，并呈现出继续快速上升的趋势。卫星导航应用也正在从个别部门、个别场合应用转变为国民经济众多部门，乃至人们日常生活、工作、学习和娱乐的大规模应用，进入大众消费市场。

我国卫星导航产业经历了 10 多年的启蒙和培育阶段，目前已初具规模。随着我国自主的"北斗一号"系统的运行、"北斗二号"系统的建设以及国家卫星导航重大科技专项的实施，我国卫星导航应用产业已进入产业化高速发展的根本转折时期。

一、全球定位系统

1. 概述

全球定位系统（Global Position System，GPS）是美国从 20 世

纪 70 年代开始研制，历时 20 年，耗资 200 亿美元，于 1994 年全
面建成，具有在海、陆、空进行全方位实时三维导航与定位能力的
新一代卫星导航与定位系统。GPS 因其全天候、高精度、自动化、
高效益等显著特点，已被广泛应用于大地测量、工程测量、航空摄
影测量、运载工具导航和管制、地壳运动监测、工程变形监测、资
源勘察、地球动力学等多种学科，给测绘领域带来一场深刻的技术
革命。随着全球定位系统的不断改进，硬、软件的不断完善，应用
领域正在不断开拓，目前已遍及国民经济各部门，并开始逐步深入
人们的日常生活。

2. GPS 的组成和工作原理

1）GPS 的组成

GPS 系统包括三大部分，即空间部分、地面控制部分和用户设
备部分。

（1）空间部分。GPS 的空间部分即 GPS 卫星星座，由 24 颗卫
星组成（21 颗工作卫星、3 颗备用卫星），它位于距地表 20200km
的上空，均匀分布在 6 个轨道面上（每个轨道面 4 颗），轨道倾角
为 55°。卫星的分布使得在全球任何地方、任何时间都可观测到 4
颗以上的卫星，并能在卫星中预存导航信息。因为大气摩擦等问
题，随着时间的推移，GPS 的卫星导航精度会逐渐降低。

（2）地面控制部分。地面控制部分即地面监控系统，由监测
站（Monitor Station）、主控制站（Master Monitor Station）、地面天
线（Ground Antenna）所组成，主控制站位于美国科罗拉多州春田
市（Colorado Springfield）。地面控制站负责收集由卫星传回的讯
息，并计算卫星星历、相对距离、大气校正等数据。

（3）用户设备部分。用户设备部分即 GPS 信号接收机，其主
要功能是捕获按一定卫星截止角所选择的待测卫星，并跟踪这些卫
星的运行。当接收机捕获到跟踪的卫星信号后，就可测量出接收天
线至卫星的伪距离和距离的变化率，解调出卫星轨道参数等数据。
根据这些数据，接收机中的微处理计算机就可按定位解算方法进行
定位计算，计算出用户所在地理位置的经纬度、高度、速度、时间
等信息。接收机硬件和机内软件以及 GPS 数据的后处理软件包构

成完整的 GPS 用户设备。

2）GPS 的工作原理

GPS 的定位导航原理是每台 GPS 接收机在任何时刻、地球上的任何地点都可以同时接收到最少 4 颗 GPS 卫星发送的空间轨道信息，接收机通过对接收到的每颗卫星的定位信息的解算，便可确定该接收机的位置，从而提供高精度的三维（经度、纬度、高度）定位导航及授时系统。

按定位方式，GPS 定位可分为单点定位和相对定位（差分定位）。单点定位方式就是用一台 GPS 接收机接收三颗或四颗卫星的信号，来确定接收点的位置。单点定位方式测定的位置其误差较大。在移动性一次观测定位中，其误差在使用 P 码时为 10～25m，使用 C/A 码时约为 100m。若采用固定点定位测量时，用这两种码的相应误差分别为 1m 和 5m。相对定位（差分定位）是根据两台以上接收机的观测数据来确定观测点之间的相对位置的方法，既可采用伪距观测量，也可采用相位观测量，大地测量和工程测量均应采用相位观测值进行相对定位。相对定位方式测定的位置误差较小，尤其若采用差分技术进行修正，则可大大提高定位精度。

在 GPS 观测量中，包含了卫星和接收机的钟差、大气传播延迟、多路径效应等误差，在定位计算时，还要受到卫星广播星历误差的影响，在进行相对定位时，大部分公共误差被抵消或削弱，因此定位精度将大大提高，双频接收机可以根据两个频率的观测量抵消大气中电离层误差的主要部分，在精度要求高、接收机间距离较远时（大气有明显差别），应选用双频接收机。

在定位观测时，若接收机相对于地球表面运动，则称为动态定位，如用于车船等概略导航定位的精度为 30～100m 的为距单点定位，或用于城市车辆导航定位的米级精度的为距差分定位，或用于测量放样等的厘米级的相位差分定位（RTK），实时差分定位需要数据链将两个或多个站的观测数据实时传输到一起计算。在定位观测时，若接收机相对于地球表面静止，则称为静态定位，在进行控制网观测时，一般均采用这种方式，由几台接收机同时观测，它能最大限度地发挥 GPS 的定位精度，专门用于这种目的的接收机称为大地型接收机，它是接收机中性能最好的一类。目前，GPS 已经能够达到地壳形变观测的精度要求，IGS 的常年观测台站已经能构成毫米级的全球坐标框架。

3. GPS 的特点与用途

1）GPS 的特点

（1）全球全天候定位。GPS 卫星的数目较多，且分布均匀，保证了地球上任何地方、任何时间都至少可以同时观测到 4 颗 GPS 卫星，确保实现全球全天候连续的导航定位服务。

（2）定位精度高。GPS 相对定位精度在 50km 以内可达 10～6m，100～500km 可达 10～7m，1000km 可达 10～9m。在 300～1500m 工程精密定位中，1 小时以上观测时解其平面位置误差小于 1mm，与 ME-5000 电磁波测距仪测定的边长比较，其边长较差最大为 0.5mm，校差中误差为 0.3mm。

（3）观测时间短。随着 GPS 系统的不断完善、软件的不断更新，目前，20km 以内相对静态定位，仅需 15～20 分钟；快速静态相对定位测量时，当每个流动站与基准站相距在 15km 以内时，流动站观测时间只需 1～2 分钟；采取实时动态定位模式时，每站观测仅需几秒钟。

（4）测站间无需通视。GPS 测量只要求测站上空开阔，不要求测站之间互相通视，因此不再需要建造觇标。这一优点既可大大减少测量工作的经费和时间，也使选点工作变得非常灵活，省去经典测量中的传算点、过渡点的测量工作。

（5）仪器操作简便。随着 GPS 接收机的不断改进，GPS 测量的自动化程度越来越高，有的已趋于"傻瓜化"。在观测中，测量员只需安置仪器，连接电缆线，量取天线高，监视仪器的工作状态，而其他观测工作，如卫星的捕获、跟踪观测和记录等，均由仪器自动完成。结束测量时，仅需关闭电源，收好接收机，便完成了野外数据采集任务。如果在一个测站上需做长时间的连续观测，还可以通过数据通信方式，将所采集的数据传送到数据处理中心，实现全自动化的数据采集与处理。另外，现在的接收机体积也越来越小，相应的重量也越来越轻，极大地减轻了测量工作者的劳动强度。

（6）可提供全球统一的三维地心坐标。GPS 测量可同时精确测定测站平面位置和大地高程。目前，GPS 水准可满足四等水准测量的精度，另外，GPS 定位是在全球统一的 WGS-84 坐标系统中计算的，因此全球不同地点的测量成果是相互关联的。

（7）应用广泛。

2）GPS 的用途

GPS 最初是为军方提供精确定位而建立的，至今它仍然由美国军方控制。军用 GPS 产品主要用来确定并跟踪在野外行进中的士兵和装备的坐标，给海中的军舰导航，为军用飞机提供位置和导航信息等。目前，GPS 系统已经被广泛应用，应用 GPS 信号可以进行海、空和陆地的导航，导弹的制导，大地测量和工程测量的精密定位，时间的传递和速度的测量等。

（1）用于建立高精度的全国性的大地测量控制网，测定全球性的地球动态参数。

（2）用于建立陆地海洋大地测量基准，进行高精度的海岛、陆地联测以及海洋测绘。

（3）用于监测地球板块运动状态和地壳形变。

（4）用于工程测量，成为建立城市与工程控制网的主要手段。

（5）用于测定航空航天摄影瞬间的相机位置，实现仅有少量地面控制或无地面控制的航测快速成图，促进地理信息系统、全球环境遥感监测的技术革命。

同时，GPS 还可以用于车辆的跟踪定位，这一般需要借助无线通信技术。一些 GPS 接收器集成了收音机、无线电话和移动数据终端，以适应车队管理的需要。

二、北斗卫星导航系统

1. 概述

北斗卫星导航系统是中国自主建设、独立运行，并与世界其他卫星导航系统兼容共用的全球卫星导航系统，可在全球范围内全天候、全天时为各类用户提供高精度、高可靠的定位、导航、授时服务，并兼具短报文通信能力。北斗卫星导航系统与美国的 GPS、俄罗斯的格洛纳斯、欧洲的伽利略并称为全球四大卫星定位系统。2011 年 12 月 27 日，北斗卫星导航系统开始试运行服务。2020 年左右，北斗卫星导航系统将形成全球覆盖能力。

北斗卫星导航系统包括"北斗一号"和"北斗二号"两代导航系统。其中，"北斗一号"是用于中国及其周边地区的区域导航系统，"北斗二号"是类似美国 GPS 的全球卫星导航系统。

北斗卫星导航系统建设目标是：建成独立自主、开放兼容、技术先进、稳定可靠的覆盖全球的北斗卫星导航系统，促进卫星导航产业链形成，形成完善的中国卫星导航应用产业支撑、推广和保障体系，推动卫星导航在国民经济社会各行业的广泛应用。

2. 北斗卫星导航系统的组成和工作原理

1）北斗卫星导航系统的组成

北斗卫星导航系统包括"北斗一号"和"北斗二号"两代系统，由空间段、地面段、用户段三部分组成。

（1）空间段。空间段包括 5 颗静止轨道卫星和 30 颗非静止轨道卫星。地球静止轨道卫星分别位于东经 58.75 度、80 度、110.5 度、140 度和 160 度。非静止轨道卫星由 27 颗中圆轨道卫星和 3 颗同步轨道卫星组成。

（2）地面段。地面段包括主控站、卫星导航注入站和监测站等若干个地面站。主控站主要任务是收集各个监测站段观测数据，进行数据处理，生成卫星导航电文和差分完好性信息，完成任务规划与调度，实现系统运行管理与控制等。注入站主要任务是在主控站的统一调度下，完成卫星导航电文、差分完好性信息注入和有效载荷段控制管理。监测站接收导航卫星信号，发送给主控站，实现对卫星段跟踪、监测，为卫星轨道确定和时间同步提供观测资料。

（3）用户段。用户段包括北斗系统用户终端以及与其他卫星导航系统兼容的终端。系统采用卫星无线电测定（RDSS）与卫星无线电导航（RNSS）集成体制，既能像 GPS、GLONASS、GALILEO 系统一样，为用户提供卫星无线电导航服务，又具有位置报告以及短报文通信功能。

2）北斗卫星导航系统的工作原理

（1）"北斗一号"卫星系统的工作原理，如图 1-1 所示。

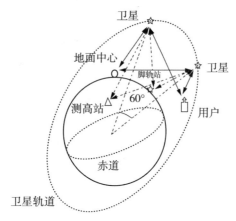

图 1-1　北斗卫星导航系统工作原理

首先由中心控制系统向卫星Ⅰ和卫星Ⅱ同时发送询问信号，经卫星转发器向服务区内的用户广播。用户响应其中一颗卫星的询问信号，并同时向两颗卫星发送响应信号，经卫星转发回中心控制系统。中心控制系统接收并解调用户发来的信号，然后根据用户的申请服务内容进行相应的数据处理。

对定位申请，中心控制系统测出两个时间延迟，即：从中心控制系统发出询问信号，经某一颗卫星转发到达用户，用户发出定位响应信号，经同一颗卫星转发回中心控制系统的延迟；从中心控制发出询问信号，经上述同一卫星到达用户，用户发出响应信号，经另一颗卫星转发回中心控制系统的延迟。由于中心控制系统和两颗卫星的位置均是已知的，因此，由上面两个延迟量可以算出用户到第一颗卫星的距离，以及用户到两颗卫星距离之和，从而知道用户处于一个以第一颗卫星为球心的一个球面，和以两颗卫星为焦点的椭球面之间的交线上。另外，中心控制系统从存储在计算机内的数字化地形图查寻到用户高程值，又可知道用户处于某一与地球基准椭球面平行的椭球面上。从而中心控制系统可最终计算出用户所在点的三维坐标，这个坐标经加密后，由出站信号发送给用户。

（2）"北斗二号"卫星系统的工作原理。

"北斗二号"卫星系统采用了无源定位导航体制，类似于GPS，其工作原理是测定"到达时间差"（时延），即利用每一颗GPS卫星的精确位置和连续发送的星上原子钟生成的导航信息获得从卫星至接收机的到达时间差。

空间段卫星接收地面运控系统上行注入的导航电文及参数，并且连续向地面用户发播卫星导航信号，用户接收到至少4颗卫星信号后，进行伪距测量和定位解算，最后得到定位结果。同时，为了保持地面运控系统各站之间时间同步，以及地面站与卫星之间时间同步，通过站间和星地时间比对观测与处理完成地面站间和卫星与地面站间时间同步。分布国土内的监测站负责对其可视范围内的卫星进行监测，采集各类观测数据后将其发送至主控站，由主控站完成卫星轨道精密确定及其他导航参数的确定、广域差分信息和完好性信息处理，形成上行注入的导航电文及参数。

3. 北斗卫星导航系统的特点

1）"北斗一号"卫星导航系统的特点

（1）"北斗一号"卫星导航系统的优势。"北斗一号"卫星导航系统与其他卫星导航系统相比，有着自己独特的优势，主要表现在以下几个方面：

①同时具备定位与通信功能，无需其他通信系统支持。"北斗一号"卫星导航系统与GPS系统的民用精度基本相当，能满足用户导航定位和授时要求。"北斗一号"卫星系统具有用户与用户、用户与地面控制中心之间的双向报文通信能力。"北斗一号"卫星导航系统具备的这种双向简短通信功能是目前很多国外卫星导航定位系统（如GPS、GLONASS系统）并不具备的。

②全天候快速定位，覆盖中国及周边国家和地区，无通信盲区。"北斗一号"卫星导航系统是覆盖中国本土的区域导航系统，覆盖范围是东经70°~140°、北纬5°~55°，该范围可以无缝覆盖我国全部国土和周边海域，且无通信盲区。相比之下，GPS结合地面无线通信系统（GSM、集群），覆盖范围只能局限于地面基站系

统所达到的地区，无法满足偏远山区、海上、跨区域大系统的应用要求。

③融合"导航系统"和"增强系统"两大资源，服务内容更加丰富。"北斗一号"卫星系统中心站不仅可以保留全部北斗终端的位置及时间信息，而且可以实时存储大量非常有价值的 GPS 数据，通过卫星导航增强系统，为用户提供更加丰富的信息服务及精密导航定位服务。

④自主控制，安全稳定，保密性好。"北斗一号"卫星导航系统是中国自行研制、自主控制的卫星定位导航系统。在当前复杂多变的国际形势下，过分依赖国外卫星导航系统，难免受制于人，对一些要害部门的用户而言，能否拥有自主控制的卫星导航系统至关重要。另外，北斗导航系统通信信号稳定，且设计有高强度加密措施，安全可靠，适合关键部门应用。

（2）"北斗一号"卫星导航系统的劣势。"北斗一号"卫星导航系统存在的不足，主要表现在以下几个方面：

①"北斗一号"卫星导航系统隐蔽性差，系统容量有限。"北斗一号"卫星导航系统是主动式有源双向测距二维导航系统，在地面控制中心进行用户位置坐标解算，这种有源定位工作方式使用户定位的同时，失去了无线电隐蔽性，在军事上是不利的。"北斗一号"卫星导航系统的用户容量取决于用户允许的信道阻塞率、询问信号速率和用户的响应频率，因此，"北斗一号"卫星导航系统的用户设备工作容量是有限的。

②定位终端比较复杂。用户设备必须包含发射机，因此其在体积、重量、功耗和价格方面远比 GPS 接收机来得大、重、耗电与昂贵。

③北斗系统的实时性较差。"北斗一号"卫星导航系统从用户发出定位申请，到收到定位结果，整个定位响应时间最快为 1s，即用户终端机最快可在 1s 后完成定位，1s 的定位时延对飞机、导弹等高速运动的用户来说时间很长。所以，对于高动态载体，该缺陷是显而易见的。

（3）"北斗一号"卫星导航系统与 GPS 系统的对比。

①覆盖范围："北斗一号"卫星导航系统是覆盖我国本土的区域导航系统。GPS 是覆盖全球的全天候导航系统。能够确保地球上任何地点、任何时间能同时观测到 6～9 颗卫星（实际上最多能观测到 11 颗）。

②卫星数量和轨道特性："北斗一号"卫星导航系统是在地球赤道平面上设置 2 颗地球同步卫星，两颗卫星的赤道角距约为 60°。GPS 是在 6 个轨道平面上设置 24 颗卫星，轨道赤道倾角 55°，轨道面赤道角距 60°。导航卫星为准同步轨道。绕地球一周用时 11 小时 58 分。

③定位原理："北斗一号"卫星导航系统是主动式双向测距二维导航。地面中心控制系统解算，提供用户三维定位数据。GPS 是被动式伪码单向测距三维导航。由用户设备独立解算自己三维定位数据。"北斗一号"的这种工作原理带来两个方面的问题，一是用户定位的同时失去了无线电隐蔽性，这在军事上相当不利；二是由于设备必须包含发射机，因此在体积、重量、价格和功耗方面处于不利的地位。

④定位精度："北斗一号"卫星导航系统三维定位精度约几十米，授时精度约为 100ns。GPS 三维定位精度 P 码目前已由 16m 提高到 6m，CA 码目前已由 25～100m 提高到 12m，授时精度约为 20ns。

⑤用户容量："北斗一号"卫星导航系统由于是主动双向测距的询问-应答系统。用户设备与地球同步卫星之间不仅要接收地面中心控制系统的询问信号，还要求用户设备向同步卫星发射应答信号，这样系统的用户容量取决于用户允许的信道阻塞率、询问信号速率和用户的响应频率。因此，"北斗一号"卫星导航系统的用户设备容量是有限的。GPS 是单向测距系统，用户设备只要接收导航卫星发出的导航电文即可进行测距定位，因此 GPS 的用户设备容量是无限的。

⑥生存能力：和所有导航定位卫星系统一样，"北斗一号"基于中心控制系统和卫星的工作，但是"北斗一号"对中心控制系统的依赖性明显要大很多，因为定位解算在那里而不是由用户设备

完成的。为了弥补这种系统易损性，GPS 正在发展星际横向数据链技术，万一主控站被毁，GPS 卫星仍可以独立运行。而"北斗一号"系统从原理上排除了这种可能性，一旦中心控制系统受损，系统就不能继续工作了。

⑦实时性："北斗一号"用户的定位申请要送回中心控制系统，中心控制系统解算出用户的三维位置数据之后再发回用户。其间要经过地球静止卫星走一个来回，再加上卫星转发、中心控制系统的处理，时间延迟就更长了，因此，对于高速运动体，就加大了定位的误差。

2）"北斗二号"卫星导航系统的特点

"北斗二号"卫星导航系统的特点主要表现在以下几个方面：

（1）由区域覆盖（亚太地区）逐渐转向全球覆盖。

（2）采用类似于 GPS、Galileo 系统的无源定位导航体制，将发射 4 个频点的导航信号。

（3）系统 GEO 卫星发射"北斗二号"、GPS、Galileo 广域差分信息和完好性信息，差分定位精度可达 lm。

（4）继承"北斗一代"系统的短信报文通信功能，并将扩充通信容量。

"北斗二号"卫星导航系统建成后，将可以提供与 GPS、Galileo 系统相当的导航定位、测速和授时功能，一期系统定位精度为 10m，授时精度为 20ns，并仍保持短信报文通信的独特优势。"北斗二号"卫星导航系统是一个军民两用系统，对民用开放，国家将在适当时机公布民用信号 ICD 文件。系统设计充分考虑了与国外 GPS、GLONASS、Galileo 系统的兼容性和互操作性，鼓励国际合作与全球推广应用。兼容互操作包括系统体制、信号频率兼容性与互干扰特性等方面考虑，"北斗二号"卫星导航系统导航电文还将包含与 GPS、GLONASS、Galileo 等系统的坐标系统、时间系统转换参数。

4. 北斗卫星导航系统的应用

2003 年，"北斗一号"卫星导航系统对民用领域开放，打破了美国、俄罗斯在卫星导航领域的垄断地位，使我国成为世界上第三个拥有独立自主卫星导航系统的国家，开辟了我国卫星导航应用的新篇章。

"北斗一号"卫星导航系统在我国国防建设和经济社会发展中发挥了积极作用。特别是在 2008 年汶川抗震救灾中，"北斗一号"卫星导航系成为抗震救灾和指挥保障的重要手段。

1）军用功能

北斗卫星导航定位系统的军事功能与 GPS 类似，如飞机、导弹、水面舰艇和潜艇的定位导航；弹道导弹机动发射车、自行火炮与多管火箭发射车等武器载具发射位置的快速定位，以缩短反应时间；人员搜救、水上排雷定位等。

2）民用功能

（1）个人位置服务。当你进入不熟悉的地方时，你可以使用装有北斗卫星导航接收芯片的手机或车载卫星导航装置找到你要走的路线。

（2）气象应用。北斗导航卫星气象应用的开展，可以促进我国天气分析和数值天气预报、气候变化监测和预测，也可以提高空间天气预警业务水平，提升我国气象防灾减灾的能力。

（3）水利。基于北斗系统的水文监测系统，实现了多山地域水文测报信息的实时传输，大大提高了灾情预报的准确性，为制定防洪抗旱调度方案提供重要的保障。

（4）道路交通管理。卫星导航将有利于减缓交通阻塞，提升道路交通管理水平。通过在车辆上安装卫星导航接收机和数据发射机，车辆的位置信息就能在几秒钟内自动转发到中心站，这些位置信息可用于道路交通管理。

（5）铁路智能交通。卫星导航将促进传统运输方式实现升级与转型。例如，在铁路运输领域，通过安装卫星导航终端设备，可极大缩短列车行驶间隔时间，降低运输成本，有效提高运输效率。未来，北斗卫星导航系统将提供高可靠、高精度的定位、测速、授时服务，促进铁路交通的现代化，实现传统调度向智能交通管理的转型。

（6）海运和水运。海运和水运是全世界最广泛的运输方式之一，也是卫星导航最早应用的领域之一。目前，在世界各大洋和江河湖泊行驶的各类船舶大多都安装了卫星导航终端设备，使海上和水路运输更为高效和安全。北斗卫星导航系统将在任何天气条件下，为水上航行船舶提供导航定位和安全保障。同时，北斗卫星导航系统特有的短报文通信功能，将支持各种新型服务的开发。

（7）航空运输。当飞机在机场跑道着陆时，最基本的要求是确保飞机相互间的安全距离。利用卫星导航精确定位与测速的优势，可实时确定飞机的瞬时位置，有效减小飞机之间的安全距离，甚至在大雾天气情况下，可以实现自动盲降，极大提高飞行安全和机场运营效率。通过将北斗卫星导航系统与其他系统有效结合，将为航空运输提供更多的安全保障。

（8）应急救援。卫星导航已广泛用于沙漠、山区、海洋等人烟稀少地区的搜索救援。在发生地震、洪灾等重大灾害时，救援成功的关键在于及时了解灾情，并迅速到达救援地点。北斗卫星导航系统除导航定位外，还具备短报文通信功能，通过卫星导航终端设备，可及时报告所处位置和受灾情况，有效缩短救援搜寻时间，提高抢险救灾时效，大大减少人民生命财产损失。

第三节　地理信息系统基础理论

一、地理信息系统概述

地理信息系统（Geographical Information System，GIS）是一种决策支持系统，它具有信息系统的各种特点。地理信息系统与其他信息系统的区别主要在于，其存储和处理的信息是经过地理编码的，地理位置及与该位置有关的地物属性信息成为信息检索的重要组成部分。在地理信息系统中，现实世界被表达成一系列的地理要素和地理现象。

地理信息系统有两种不同角度的定义。一方面，地理信息系统是一门描述、存储、分析和输出空间信息的理论和方法的新兴交叉学科；另一方面，地理信息系统是一个以地理空间数据库为基础，采用地理模型分析方法，适时提供多种空间的和动态的地理信息，为地理研究和地理决策服务的计算机技术系统。

与一般的信息系统相比，一个完整的地理信息系统主要由四个部分组成，即计算机硬件系统、计算机软件系统、地理空间数据和系统管理操作人员，其核心部分是计算机系统（软件和硬件），地理空间数据反映地理信息系统的地理内容，管理人员和用户决定了系统的工作方式和信息表示方式。

地理信息系统主要包括五大功能，即数据采集与编辑、数据处理、数据存储与组织、空间查询与分析、图形与交互显示。

二、地理空间信息的数据模型

人类生活和生产所在的现实世界是由事物或实体组成的，有着错综复杂的组成结构。从系统的角度来看，空间事物或实体的运动状态（在特定时空中的形状和态势）和运动方式（运动状态随时空变化而改变的式样和规律）不断发生变化，系统的诸多组成要素（实体）之间又存在着相互作用、相互制约的依存关系，表现为人口、物质、能量、信息、价值的流动和作用，反映出不同的空间现象和问题。为了控制和调节空间系统的物质流、能量流和人流等，使之转移到期望的状态和方式，实现动态平衡和持续发展，人们开始考虑对其中诸组成要素的空间状态、相互依存关系、变化过程、相互作用规律、反馈原理、调制机理等进行数字模拟和动态分析，这在客观上为地理信息系统提供了良好的应用环境和重要发展动力。

1. 空间数据的概念

地理数据也可以称为空间数据（Spatial Data）。地理空间是指物质、能量、信息的存在形式在形态、结构过程、功能关系上的分布方式和格局及其在时间上的延续。地理信息系统中的地理空间分为绝对空间和相对空间两种形式。绝对空间是具有属性描述的空间位置的集合，它由一系列不同位置的空间坐标值组成；相对空间是具有空间属性特征的实体的集合，由不同实体之间的空间关系构成。在地理信息系统应用中，空间概念贯穿于整个工作对象、工作过程、工作结果等各个部分。空间数据是以不同的方式和来源获得的数据，如地图、各种专题图、图像、统计数据等，这些数据都具有能够确定空间位置的特点。

空间数据模型是关于现实世界中空间实体及其相互间联系的概念，它为描述空间数据的组织和设计空间数据库模式提供了基本方法。因此，对空间数据模型的认识和研究，在设计 GIS 空间数据库和发展新一代 GIS 系统的过程中起着举足轻重的作用。

2. 空间数据的表示

空间分析是基于地理对象的位置和形态特征的空间数据分析技术。空间分析方法必然要受空间数据表示形式的制约和影响，因此，在研究空间分析时，就不能不考虑空间数据的表示方法与数据模型。

空间数据表示的基本任务就是将以图形模拟的空间物体表示成计算机能够接受的数字形式，因此，空间数据的表示必然涉及空间数据模式和数据结构问题。

如前所述，空间数据有栅格模型和矢量模型两种基本的表示模型。

在栅格模型中，地理空间被划分为规则的小单元（像元），空间位置由像元的行、列号表示。像元的大小反映了数据的分辨率，即精度，空间物体由若干像元隐含描述。例如，一条道路由其值为道路编码值的一系列相联的像元表示，要从数据库中删除这条道路，则必须将所有有关像元的值改变成该道路邻域的背景值。栅格数据模型的设计思想是将地理空间看成一个连续的整体，在这个空间中处处有定义。

矢量模型将地理空间看成是一个空间区域，地理要素存在其间。在矢量模型中，各类地理要素根据其空间形态特征分为点、线、面三类。点状要素用坐标点对表示其位置；线状要素用其中心轴线（或侧边线）上的抽样点坐标串表示其位置和形状；面状要素用范围轮廓线上的抽样点坐标串表示其位置和范围。因此，在矢量模型中，地物是显式描述的。图 1-2 所示为地理数据模型示意图，其中，图（a）为以透视图表示的地理空间，图（b）为该空间相应的栅格模型表示，图（c）为对应的矢量模型表示。

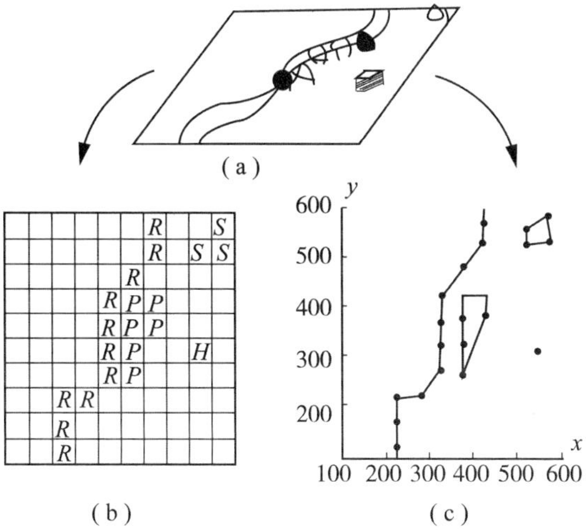

图 1-2　地理数据模型示意图

1）栅格数据模型

在栅格数据模型中，它的基本单元是一个格网，每个格网称为一个栅格（像元），被赋予一特定值。这种规则格网通常采用三种基本形式：三角形、正方形、六边形。每种形状具有不同的几何特性。

方向性：正方形和六边形栅格数据模型中的所有格网都具有相同的方向，而三角形栅格数据模型中的格网却具有不同的方向。

可再分性：正方形和三角形格网都可以无限循环地再细分成相同形状的子格网，而六边形则不能进行相同形状的无限循环再分。

对称性：每个六边形格网的邻居与该六边形格网等距，也就是说，该六边形网的中心点到其周围的相邻格网的中心点的距离都相等，而三角形和正方形格网就不具备这一特性。

栅格模型中最常用也是最简单的是正方形格网。正方形格网除了具有上述的方向性和可再分性外，它与矩阵数据形式最为相近，其坐标记录和计算最为容易，因而大多数栅格地图和数字图像都采

27

用了这种栅格数据模型。

栅格模型的缺点在于难以表示不同要素占据相同位置的情况，这是因为一个栅格被赋予一个特定的值，因而一幅栅格地图仅适宜表示一个主题，如地貌、土地利用等。

在栅格模型中，栅格大小的确定是一个关键，根据抽样原理，当一个地物的面积小于1/4个栅格时，就无法予以描述，而只有面积大于一个栅格时，才能确保被反映出来。图1-3所示是一个常见的用栅格方法进行叠加分析的示意图。从图中我们可以发现，很多栅格具有相同的值，数据冗余非常大。在地图数据库中，为了节约存储空间，通常不是直接存储每个像元的值，而是采用一定的数据压缩方法，常用的有行程编码和四叉树方法。

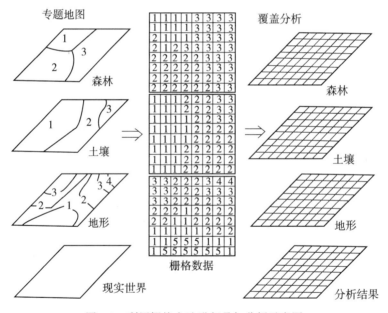

图1-3　利用栅格方法进行叠加分析示意图

2）矢量数据模型

矢量数据模型是以坐标点对来描述点、线、面三类地理实体。描述地理实体的矢量方法有很多，这些不同的矢量数据模型之间的一个主要差别是：采用路径拓扑（Path Topology）模型，还是采用网络拓扑（Graph Topology）模型。这两种模型之间的主要区别在于：前者将二维要素的边界作为独立的一维要素来单独处理，而不考虑要素之间的相互关系；后者则是在一个关于边界的关系网络模型中来考察二维要素。

路径拓扑常用的有面条模型（Spaghetti Model）、多边形模型（Polygon Model）、点字典模型（Point Dictionary Model）、链/点字典模型（Chain/Point Dictionary Model）。

路径拓扑的主要缺点是不能解决点、节点和零维地物的识别问题，更重要的是各多边形被作为单个独立的实体来考察，不能识别出多边形间的相邻关系，不利于地理数据的分析与可视化。

网络拓扑模型是对路径拓扑模型的各不足之处的改进和完善。在网络拓扑模型中，强调了对多边形间关系的描述，即在拓扑结构中，将一个多边形图形中的节点、边和面分别显式描述，并记录它们之间的关系，这样不但可以反映出面与面间的相邻关系，还反映了边与边之间、点与点之间的连接关系。

在拓扑模型中，较著名的是美国人口调查局 DIME 模型（Dual Independent Map Encoding——双重独立地图编码模型）和美国计算机图形及空间分析实验室研制的 POLYVRT（POLYgon con VeRTo——多边形转换器）模型。

栅格模型和矢量模型都有各自的优缺点：矢量方法是面向实体的表示方法，以具体的空间物体为独立描述对象，因此物体越复杂，描述越困难，数据量就越随之增大，如线状要素越弯曲，抽样点必须越密；栅格方法是面向空间的表示方法，将地理空间作为整体进行描述，具体空间物体的复杂程度不影响数据量的大小，也不增加描述上的困难。矢量方法显式地描述空间物体之间的关系，关系一旦被描述，运用起来就相当方便，如网络分析在矢量方法表示的数据上，只要记录了线段之间的连接关系，是比较容易的。栅格方法是对投影空间的直接量化，隐式描述空间物体之间的关系，这种描述既可以认为是"零"描述，既没有记录物体间的关系，又可以认为是"全"描述，即空间物体的一切关系都照实复写了。

3. 空间数据模型的类型

在 GIS 中，与空间信息有关的信息模型有三个，即基于对象（要素）（Feature）的模型、网络（Network）模型以及场（Field）模型。基于对象（要素）的模型强调了离散对象，根据它们的边界线以及它们的组成或者与它们相关的其他对象，可以详细地描述离散对象。网络模型表示了特殊对象之间的交互，如水或者交通流。场模型表示了在二维或者三维空间中，空间实体的属性信息被看做连续变化的数据。

有很多类型的数据，有时被看做场，有时被看做对象，选择时，主要是要考虑数据的测量方式。如果数据来源于卫星影像，其中某一现象的一个值是由区域内某一个位置提供的，如作物类型或者森林类型可以采用一个基于场的观点；如果数据是以测量区域边界线的方式给出，而且区域内部被看成是一致的，就可以采用一个基于要素的观点；如果是将分类空间分成粗略的子类，一个基于场的模型可以转换成一个基于要素的模型，因为后者更适合于离散面的或者线的特征的度量和分析。

三、地理空间信息分析

地理空间信息分析是基于地理对象的位置和形态特征的空间数据分析技术，其目的在于解决地理空间问题而进行数据分析与数据挖掘，是从地理信息系统目标之间的空间关系中获取派生的信息和新的知识，是从一个或多个空间数据图层中获取信息的过程。

空间分析是地理信息系统最重要的功能，可用来实现经济建设、环境和资源调查中的综合评价、规划、决策、预测等任务。

1. 空间查询

空间查询是 GIS 的最基本和常用的功能，是 GIS 进行高层次分析的基础。在 GIS 中，为了进行高层次分析，通常需要进行空间查询和定位，并使用一些简单的量测值对地理分布或地理现象进行描述，如长度、面积、距离等。

1）几何参数查询

GIS 软件提供了查询空间对象几何参数的功能，如点的位置坐标查询、两点间的距离查询、一个线状目标的长度查询等。

2）空间定位查询

空间定位查询是指给定一个点或者一个几何图形，查询出该图形范围内的空间对象及其属性。空间定位查询又包括了按点查询、按矩形查询、按圆查询和按多边形查询。

（1）按点查询。用鼠标给定一个点位，查询出离该点最近的空间对象，并显示出它的属性。

（2）按矩形查询。用鼠标给定一个矩形，查询出该矩形框内某一类地物的所有对象，并显示出每个对象的属性信息。

（3）按圆查询。用鼠标给定一个圆或者椭圆，查询出该圆或椭圆内的某个类或某一层的空间对象，并显示出每个对象的属性信息。

（4）按多边形查询。用鼠标给定一个多边形，或者在地图上选择一个多边形对象，查询出该多边形内的某个类或某一层的空间对象，并显示出每个对象的属性信息。

3）空间关系查询

空间关系查询包括了空间拓扑关系查询和缓冲区查询。空间关系查询可以通过拓扑数据结构直接查询到，也可以通过空间运算得到。

（1）邻接查询。邻接查询主要包括三类：第一类是多边形邻接查询，例如查询与某一面状地物相邻的所有多边形；第二类是线与线的邻接查询，例如查询所有与主河流关联的支流；第三类是与某一个节点关联的线状地物和面状地物，该查询采用拓扑查询执行。

（2）包含关系查询。查询某一个面状地物所包含的某一类的空间对象。被包含的空间对象可能是点状地物、线状地物或面状地物。该查询采用空间运算执行。

（3）穿越查询。根据一个线状地物的空间坐标查询出与其相交的线状地物和面状地物，例如查询某一条河流穿越了哪些市、县。该查询采用一般采用空间运算执行。

（4）落入查询。查询某一个空间对象落在哪些空间对象之内，例如查询一个一等测量钢标落在了哪个乡镇的地域内。该查询一般采用空间运算执行。

（5）缓冲区查询。该查询是根据用户的需求给定一个点缓冲、线缓冲或者面缓冲的距离，从而形成一个缓冲区的多边形，然后查询出该缓冲区多边形内的空间地物。

4）属性特征查询

该查询按属性信息的要求来查询定位对象的空间位置，例如在地图上查询人口大于 4000 万且城市人口大于 1000 万的省份有哪些。其实现原理就是查询到结果后，再利用图形和属性的对应关系，在地图上用指定的方式将查询结果定位显示出来。其具体实现使用的是扩展的 SQL 查询，即将 SQL 的属性条件和空间关系的图形条件组合在一起形成扩展的 SQL 查询语言。

2. 空间分析

空间分析是基于地理对象的位置和形态的空间数据的分析技术，其目的在于提取和传输空间信息。空间分析是地理信息系统的主要特征，是地理信息系统区别于一般信息系统的主要方面，也是评价一个地理信息系统成功与否的一个主要指标。

1）叠加分析

大部分 GIS 软件是以分层的方式组织地理景观，将地理景观按主题分层提取，同一地区的整个数据层集表达了该地区地理景观的内容。地理信息系统的叠加分析是将有关主题层组成的数据层面，进行叠加产生一个新数据层面的操作，其结果综合了原来两层或多层要素所具有的属性。叠加分析不仅包含空间关系的比较，还包含属性关系的比较。叠加分析可以分为以下几类：视觉信息叠加、点与多边形叠加、线与多边形叠加、多边形叠加、栅格图层叠加。

2）缓冲区分析

缓冲区就是地理空间目标的一种影响范围或服务范围。缓冲区分析是针对点、线、面等地理实体，自动在其周围建立一定宽度范围的缓冲多边形，从而描述地理空间中两个地物距离相近的程度。缓冲区分析和缓冲区查询不完全相同，缓冲区查询时不破坏原有空间目标的关系，只是查询该缓冲区范围内涉及的空间对象；而缓冲区分析则是对一组或一类地物按缓冲的距离条件，建立缓冲区多边形，然后将这个图层与需要进行缓冲区分析的图层进行叠置分析得到所需要的结果，因此，缓冲区分析需要两个操作，第一步是建立缓冲区图层，第二步是进行叠加分析。

3）网络分析

网络分析的主要目的就是对地理网络（如交通网络）、城市基础设施网络（如各种网线、电力线、电话线、供排水管线等）进行地理分析和模型化。网络分析是运筹学模型中的一个基本模型，它的根本目的是研究、筹划一项网络工程如何安排，并使其运行效果最好，如一定资源的最佳分配，从一地到另一地的运输费用最低等。网络分析包括：路径分析（寻求最佳路径）、地址匹配（实质是对地理位置的查询）以及资源分配。

4）空间统计分析

GIS 得以广泛应用的重要技术支撑之一就是空间统计分析。例如，在区域环境质量现状评价工作中，可将地理信息与大气、土壤、水、噪声等环境要素的监测数据结合在一起，利用 GIS 软件的空间分析模块，对整个区域的环境质量现状进行客观、全面的评价，从而反映出区域中受污染的程度以及空间分布情况。通过叠加分析，可以提取该区域内大气污染分布图、噪声分布图；通过缓冲区分析，可显示污染源影响范围等。常用的空间统计分析方法有：常规统计分析、空间自相关分析、回归分析、趋势分析及专家打分模型等。

四、GIS 的发展趋势

目前，GIS 的研究和应用都处在一个高速发展的阶段。总的看来，GIS 正朝着一个可运行的、分布式的、开放的、网络化的方向发展。

1. WebGIS

WebGIS 是 Internet 技术应用于 GIS 开发的产物，是利用 Web 技术来扩展和完善地理信息系统的一项技术。WebGIS 是基于网络的客户机/服务器系统，利用互联网来进行客户端和服务器之间的信息交换；它是一个分布式系统，用户和服务器可以分布在不同的地点和不同的计算机平台上。从 Web 的任意一个节点，Internet 用户可以浏览 WebGIS 站点中的空间数据、制作专题图、进行各种空间检索和空间分析，从而使 GIS 进入千家万户。WebGIS 的主要作用是进行空间数据发布、空间查询与检索、空间模型服务、Web 资源的组织等。

2. 3DGIS

各种物体都是以三维空间的形式存在的，目前二维 GIS 或二维半 GIS 对于完整地描述对象是受一定限制的，因此需要三维 GIS 技术帮助人们更加准确真实地认识客观世界。3DGIS 就是利用 3S 技术（GIS、GPS、RS）、三维可视化技术（VR）、计算机技术等对地球空间信息进行编码、存储、转换、真三维描述、可视化和分析管理的地理信息系统。

3. OpenGIS

OpenGIS（Open Geodata Interoperation Specification，OGIS——开放的地理数据互操作规范）由美国 OGC（OpenGIS 协会，OpenGIS Consortium）提出。OGC 是一个非营利性组织，目的是促进采用新的技术和商业方式来提高地理信息处理的互操作性（Interoperability）。开放式地理信息系统（Open GIS）是指在计算机和通信环境下，根据行业标准和接口所建立起来的地理信息系统，它不仅使数据能在应用系统内流动，还能在系统间流动；它致力于消除地理信息应用（如地理信息系统、遥感、土地信息系统、自动制图/设施管理（AM/FM）系统）之间以及地理应用与其他信息技术应用之间的藩篱，建立一个无"边界"的、分布的、基于构件的地理数据互操作环境。

第四节　3S 集成技术

一、遥感与地理信息系统的集成

地理信息系统是用于分析和显示空间数据的系统，而遥感则是空间数据的一种形式，类似于地理信息系统中的栅格数据。因此，从数据层面上很容易实现地理信息系统与遥感的集成，但是遥感图像的处理和地理信息系统中栅格数据的分析具有较大的差异，遥感图像处理的目的是为了提取各种专题信息，其中的一些图像处理功能，如图像增强、滤波、分类以及一些特定的变换处理等，并不适用于地理信息系统中的栅格数据空间分析。另外，目前大多数的地理信息系统软件也没有提供完善的遥感数据处理功能，而遥感图像处理软件也不能很好地处理 GIS 数据，因此，需要将遥感与地理信息系统进行集成。

遥感与地理信息系统的集成，可以有以下三个层次：

（1）分离的数据库，通过文件转换工具在不同系统之间传输文件。

（2）两个软件模块具有一致的用户界面和同步的显示。

（3）集成的最高目的是实现单一的、提供了图像处理功能的地理信息系统软件系统。

在遥感和地理信息系统的集成系统中，遥感数据是 GIS 的重要信息来源，而 GIS 则可以作为遥感图像解译的强有力的辅助工具，有以下几个方面的应用：

1. GIS 作为图像处理工具

将 GIS 作为遥感图像的处理工具，可以在以下几个方面增强图像的处理功能：

1）几何纠正和辐射纠正

在遥感图像的实际应用中，需要首先将其转换到某个地理坐标系下，即进行几何纠正。常规的几何纠正方法是首先从 GIS 的矢量数据中抽取出地面控制点，建立多项式拟合公式，然后确定每个点在图像上对应的坐标，并建立纠正公式，最后在纠正完成后将矢量点叠加在图像上判别纠正的效果。

另外，有些遥感影像由于受到地形的影响产生几何畸变，如侧视雷达图像的叠掩、阴影、前向压缩等，进行纠正、解译时，需要使用 DEM 数据来消除畸变。此外，由于地形起伏引起光照的变化，也会在遥感图像上体现出来，例如阴坡和阳坡的亮度差别，也可以利用 DEM 进行辐射纠正，提高图像分类的精度。

2）图像分类

对于遥感图像分类，与 GIS 集成最明显的优点就是训练区的选择，通过矢量/栅格的综合查询，可以计算多边形区域的图像统计特征，评判分类效果，从而改善分类方法。另外，在图像分类中，可以将矢量数据栅格化，并作为"遥感影像"参与分类，可以提高分类的精度。

3）感兴趣区域的选取

某些遥感图像的处理中，常常需要只针对某一区域进行运算，因此需要栅格数据和矢量数据之间的相交运算，以提取某些特征。

2. 遥感数据作为 GIS 的信息来源

数据是 GIS 中最为重要的部分，而遥感提供了廉价、准确、实时的数据，因此，如何从遥感数据中自动获取地理信息，依然是目前一个重要的研究课题，包括了：

1）线以及其他地物要素的提取

在图像处理中，有许多边缘检测滤波算子，可以用于提取区域的边界以及线性地物，其结果可以用于更新现有的 GIS 数据库，此过程类似于图像的矢量化。

2）DEM 数据的生成

利用航空立体像对以及雷达影像，可以生成较高精度的 DEM 数据。

3）土地利用变化以及地图更新

利用遥感数据更新 GIS 的空间数据库，最直接的方法就是将纠正后的遥感图像作为背景地图，并且根据其进行矢量数据的编辑修改。另外，对遥感图像数据进行分类后得到的结果可以添加到 GIS 数据库中。

遥感图像可以看做是一种特殊的栅格数据，所以实现遥感和 GIS 集成的关键就是实现栅格数据和矢量数据的相互操作与相互转换。但是，由于各种因素的影响，无法确保从遥感数据中提取的信息是绝对准确的，在通常的土地分类中，90% 的分类精度就是相当可观的结果，因此，需要野外实际的考察验证，在此过程中可以使用 GPS 进行定位。另外，还要考虑尺度的问题，即遥感影像空间分辨率和GIS数据比例尺之间的对应关系。

二、全球导航定位系统与地理信息系统的集成

作为实时提供空间定位数据技术的GPS，可以与地理信息系统进行集成，实现以下几个方面的具体应用：

1. 定位

主要在诸如旅游、探险等需要室外动态定位信息的活动中使用。如果不与GIS集成，只使用GPS接收机和纸质地形图，也可以实现空间定位。但是，通过将GPS接收机连接在安装了GIS软件和该地区空间数据的便携式计算机上，可以方便地显示GPS接收机所在位置，并实时显示其运动轨迹，从而可以利用GIS提供的空间检索功能，得到定位点周围的信息，从而实现决策支持。

2. 测量

主要应用于土地管理、城市规划等领域，利用GPS和GIS的集成，可以测量区域的面积或者路径的长度。该过程类似于数字化仪进行数据录入，需要跟踪多边形边界或路径，采集抽样后的顶点坐标，并将坐标数据通过GIS记录，然后计算相关的面积或长度数据。

在进行GPS测量时，要注意以下一些问题：首先，要确定GPS的定位精度是否满足测量的精度要求，例如对宅基地的测量，精度需要达到厘米级，而要在野外测量一个较大区域的面积，米级甚至几十米级的精度就可以满足要求；其次，对不规则区域或者路径的测量，需要确定采样原则，采样点选取的不同，会影响到最后的测量结果。

3. 监控导航

用于车辆、船只的动态监控，在接收到车辆、船只发回的位置数据后，监控中心可以确定车船的运动轨迹，从而利用GIS空间分析工具，判断其运行是否正常，例如是否偏离了预定的路线，速度是否异常，等等。出现异常时，监控中心就可以提出相应的处理措施，其中包括向车船发布导航指令。

图1-4描述了GIS与GPS集成的系统结构模型，为了实现与

GPS 的集成，GIS 系统必须能够接收 GPS 接收机发送的 GPS 数据，然后对数据进行处理，例如，通过投影变换将经纬度坐标转换为 GIS 数据采用的参照系中的坐标，最后进行各种分析运算，其中坐标数据的动态显示以及数据存储是其基本功能。

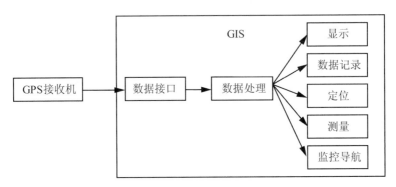

图 1-4　GIS 与 GPS 集成的系统结构模型

三、全球定位系统与遥感的集成

遥感是建立在地面物体的光谱特征之上的，因此，遥感图像的解译常常需要进行地面同步光谱测量，而且在遥感图像处理之前，首先需要做辐射校正和几何校正。而地面同步光谱测量和对遥感图像进行几何校正时，都需要对所在地进行定位。

RS 和 GPS 集成的主要目的是利用 GPS 的精确定位功能解决遥感影像的实时处理和快速编码及定位困难的问题，既可以采用同步集成方式，也可以采用非同步集成方式。

四、3S 技术的集成

3S 技术为科学研究、政府管理、社会生产提供了新一代的观测手段、描述语言和思维工具。3S 技术的集成，取长补短，三者之间的相互作用形成了"一个大脑，两只眼睛"的框架，即 RS 和 GPS 向 GIS 提供或更新区域信息以及空间定位，GIS 进行相应的空间分析，从 RS 和 GPS 提供的浩如烟海的数据中提取有用信息，并进行综合集成，使之成为决策的科学依据。如图 1-5 所示。

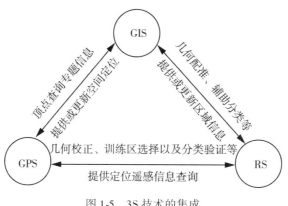

图 1-5　3S 技术的集成

　　GIS、RS 和 GPS 三者集成利用，构成了整体、实时和动态的对地观测、分析和应用的运行系统。RS、GPS、GIS 集成的方式可以在不同的技术水平上实现，最简单的办法是三种系统分开，而由用户综合使用，其次是三者有共同的界面，做到表面上无缝集成，数据传输则是在内部通过特征码相结合；最好的办法是整体的集成，成为一个统一的系统。

　　单纯从软件实现的角度看，开发 3S 集成的系统在技术上并没有多大的障碍。目前，一般工具软件的实现技术方案是：通过支持栅格数据类型及相关的处理分析操作以实现与遥感的集成，而通过增加一个动态矢量图层与 GPS 集成。对于 3S 集成技术而言，最重要的是在应用中综合使用 RS 和 GPS 技术，利用其实时、准确获取数据的能力，降低应用成本或者实现一些新的应用。

　　3S 集成技术的发展，形成了综合、完整的对地观测系统，提高了人类认识地球的能力；相应地，它拓展了传统测绘科学的研究领域。

　　在水利工程施工与管理过程中，涉及三个方面的内容：信息的采集、信息的存储和管理、信息的应用。在这三个方面，3S 技术可以发挥重要作用。

（1）以遥感技术为主的对地观测技术是水利工程信息采集的重要手段。

相对于传统的信息获取手段，遥感技术具有宏观、快速、动态、经济等特点。由于遥感信息获取技术的快速发展，各类不同时空分辨率的遥感影像获取将会越来越容易，遥感信息势必会成为现代化水利的日常信息源。

（2）地理信息系统是水利工程信息存储、管理和分析的强有力工具。

水利工程施工与管理过程中所涉及的数据量是非常巨大的，既有实时数据，又有环境数据、历史数据；既有栅格数据（如遥感数据），又有矢量数据、属性数据，组织和存储这些不同性质的数据是一件非常复杂的事情，而且水利工程信息中 70% 以上与空间地理位置有关，关系型数据管理系统是难以管理如此众多的空间信息的，而 GIS 恰好具备这一功能。地理信息系统不仅可以用于存储和管理各类海量水利工程信息，还可以用于水利工程信息的可视化查询与网上发布。

（3）GPS 是获取定位信息的必不可少的手段。

水利工程信息中 70% 以上与空间地理位置有关，以 GPS 为代表的全新的卫星空间定位方法，是获取水利信息空间位置的必不可少的手段。

第二章　3S 技术在水利工程测量中的应用

现代水利一般都具有工程规模大、技术高、工期较长的特点，在前期规划设计时，需要大量的原始数据作为基础，作为一切工作之首的测绘工作显得尤为重要，因为一项水利工程从立项到可行性研究再到初步设计直至最后的施工都离不开测绘的支持。所以，测绘工作的效率、精度以及反映实地情况的准确度，在水利工程中起着至关重要的作用，甚至可以说决定着一项水利工程的未来。由于我国经济的飞速发展，水利工程勘探深度不断加大、勘探分辨率要求不断提高，许多传统的测绘方法和技术已无法满足现代工程建设的需要。3S 技术的出现及其在水利工程测绘中的应用，极大地带动了我国水利水电工程勘察业的飞速发展。3S 技术凭借其全能性、全球性、全天候、连续性和实时性的精密三维导航与定位功能，以及其良好的抗干扰性和保密性等高效性能，为水利工程测绘的发展提供了强有力的技术支撑和更为丰富的内容。

第一节　GPS 在水利工程测量中的应用

水利工程建设，测绘是基础，设计是灵魂。优质工程和精品工程离不开高质量的测量设计。测绘中的测量即水利工程测量是为水利工程建设服务的专门测量，属于工程测量学的范畴，它的主要任务如下：

（1）为水利工程规划设计提供所需的地形资料。规划时，需提供中、小比例尺地形图及有关信息，建筑物设计时，要测绘大比例尺地形图。

（2）施工阶段要将图上设计好的建筑物按其位置、大小测设于地面，以便据此施工，这个过程称为施工放样。

（3）在施工过程中及工程建成后运行管理中，需要对建筑物的稳定性及变化情况进行监测（变形观测），确保工程安全。

GPS 因其所具有的高精度、全天候、高效率、多功能、操作简便、应用广泛等特点，在水利工程测绘中得到了极大的发展和广泛的应用。

一、传统测绘技术在水利工程测量中的局限性

水利工程从设计阶段到施工建设阶段，从竣工验收阶段到工程的安全运营监测阶段，均需要准确、及时的高精度测绘数据为其提供各方面的信息。但是，由于传统的测绘仪器和技术手段均是人工作业模式，不但效率低下，而且无法实时了解水利工程的变化情况，难以确保测绘数据的精度和时效性，无法提供有效的测绘数据。传统测绘技术主要存在以下几个方面的缺陷：

（1）传统的测绘技术常采用六分仪、经纬仪、水准仪测定，这些测量方法不仅测量周期长、精度低，而且劳动强度大、测量标志耗费大，从而导致测绘效率低下，单位时间内测量到的有效数据较少，难免容易影响工程进度。

（2）在水利工程测绘前期，搜集到的控制点一般很难保证为同一测量系统，往往是国测、军测、城市控制点混杂在一起，这样就很容易造成系统间的不兼容，如果采用不兼容的起算点，势必会影响到测量的质量。

（3）国家基础控制点破坏严重，影响测量作业。国家基础控制点大多数是 20 世纪 50、60 年代所建立的，在这几十年的时间里，有些点由于经济建设的需要被破坏，而有些点则由于人为原因遭到了破坏。没有足够的联测点，控制测量的质量就很难得到保证。

（4）地面通视困难，影响测量工作的实施。水利工程往往为窄带状结构，沿线几乎都要进行隧道开挖、桥梁架设等工作，对控制点的三维坐标精度要求很高。许多水利工程往往需要在山区或者是地势崎岖不平的区域进行，交通不便，通视困难，用红外测距仪施测导线网方法不但费工费时，而且精度难以保证。

二、GPS 在水利工程测量中的应用原理和特点

1. 观测距离长

在水利工程中，河水流过的路径比较长，因此需要测量的范围往往也会比较广。普通的导线测量测程一般在几百米范围内，即便是作业条件好的情况下，测程也至多能达到几公里，而 GPS 测量由于是利用接收机接收卫星的电波信息，一颗卫星覆盖的接收机地区范围非常宽，因此在此地区内都能观测。根据测量原理，同时观测 4 颗以上的卫星就可以得到测站的定位解。同时，为了提高精度，还要考虑卫星的空中分布，所以实际需要测量的范围相对要小。另外，在河床测绘和小型水利工程测量中，测区无已知三角点的情况下，单靠导线测量是很难完成的，而利用 GPS 则可测量几十公里甚至上千公里，由此可见，GPS 测量与传统测量相比，无疑是一个飞跃。

2. 测量精度高

传统大地测量建立的控制网采用的是分级布网逐级控制的原则，不能有效地控制测量误差的传播。而利用 GPS 测量技术建立大地控制网，各站同步观测卫星，解算独立的基线矢量，进行网平差，几乎不受传算误差的影响。若布设成无固定点的自由网，将会更有效地消除传算误差，提高测量精度。目前，双频 GPS 接收机的公称精度为 1ppm，多次重复观测可以得到更精准的结果。GPS 相对定位精度在 50km 以内可达 6～10m，100～500km 范围之间可达 7～10m，1000km 可达 9～10m。观测成果的外业检核是确保外业观测质量、实现预期定位精度的重要环节。

3. 布点灵活

传统测边测角网以相邻观测点间相互通视为前提，为了保证测量精度，网点应组成良好的几何图形。但是由于这些条件，造成了传统测量布点比较困难，经常使得图上设计与实际勘察选点不符，有些点位不得不设在山峰上或建造高标，对控制点点位的使用极为

不便利。而 GPS 网点则不同，只要求对观测卫星通视，没有障碍物遮挡来自卫星的电磁波信号，点位附近没有无线电干扰源等。从图形结构分析，GPS 测量获得的是点间的基线矢量，成果精度与地面点的分布图形无关。由此可见，GPS 网的布点更加灵活，可以将点位尽量选在交通方便且利于工作的地点，这样，不仅测量点位的选择更加灵活，而且还提高了工作效率。但是，GPS 测量点应该避开对电磁波接收有强烈吸收、反射等干扰影响的金属，以及其他障碍物体，如高压线、电台、电视台、高层建筑、大范围水面等。点位选好后，应该按照要求埋置标石，以便保存。最后，还应该绘制点之记、GPS 网选点图，作为提交的选点技术资料。

另外，GPS 虽然不需要通视，但是为了便于与传统方法联测和扩展，要求控制点至少与一个其他控制点通视，或者在控制点附近 300m 外布设一个通视效果良好的方位点，以便建立联测方向。

4. 受气候影响小，工作效率高

在传统的测量中，无论是天文、测边、测角，还是水准测量，气象条件的好坏都将直接影响工作效率。GPS 接收机采用的是无线电波测距设备，与光电测距仪不同，几乎不受雨天、云雾、风雪等气候条件的影响。天线也设有防水密封装置，即使在风雨天，仍然能测到良好的数据，因此通常情况下，在制订观测计划时，不必过多考虑气候条件的影响，由此大大提高了工作效率。

5. 操作简单、容易观测

GPS 观测的主要工作是按时接收卫星电波信息。观测员在测站上架设天线，完成仪器设置后，接收机将自动跟踪卫星采集数据，并由机器自动整理观测数据记录于磁盘或磁带上，避免了传统测量中多次照准、读数和检核计算等繁琐步骤，减轻了人为因素的影响和劳动强度。另外，测站操作也比较简单，除常规对点外，一般作业员几分钟就可完成仪器设置，进行观测。同时，随着工业芯片集成度的提高，GPS 自动化程度也越来越高，接收机的体积越来越小，重量越来越轻，一般手持型 GPS 重量不足 400g，携带方便，操作更加简单，GPS 测量还能采用连续同步观测的方法，一般 15 秒钟自动记录一组数据，其数据之多、信息量之大，是传统测量方法无法相比的。同时，测绘数据的处理需要使用大量的数学模型和各种算法，处理过程相当复杂。但在实际工作中，GPS可以借助电子计算机，使得数据处理工作的自动化达到了相当高的程度，这也是GPS能够被广泛使用的重要原因之一。

6. 测量成果数据类型统一

传统大地测量平面控制网和高程控制网相互独立、各成系统，两者在工作计划、测量方法、数据处理和应用方面都是单独进行的，无法统一。另外，传统大地测量控制网是由高级到低级分级布网，在层次结构上各等级测量精度不同、观测量不等权；在结构上，平面控制网和高程控制网数据彼此分离，难以统一，无法进行整体平差。而GPS则不同，它采用接收GPS卫星信号的手段，采集观测数据，通过计算机处理，获取相应的点位和长度信息，同时给出三维空间坐标，从而将平面控制和高程控制统一在同一坐标系中，便于整体平差。

三、GPS在水利工程测量中的应用方法

1. GPS测量的外业实施

GPS的外业实施包括GPS点的选埋、观测、数据传输及数据预处理等工作。

1）选点

根据工程要求，埋设所需个数的埋石点，并进行编号。具体选点应遵守以下原则：第一，点位应设在易于安装接收设备、视野开阔的较高点上；第二，点位目标要显著，视场周围15°以上不应有障碍物，以减小GPS信号被遮挡或被障碍物吸收；第三，点位应远离大功率无线电发射源，其距离不小于200m，远离高压输电线和微波无线电信号传送通道，其距离不得小于50m，以避免电磁场对GPS信号的干扰。

2）标志埋设

埋石点严格按四等水准标进行埋设，在埋设的四等水准标上进行GPS静态观测。

所有GPS控制点均埋设标石，埋石的基本技术要求如下：

（1）GPS控制点应埋设硅标石，也可采用现场灌制、设置钢钉及凿制。

（2）硅标石预制柱体规格为：顶面尺寸为15cm×15cm，高为55cm，底面尺寸为25cm×25cm。现场浇注底盘规格为40cm×40cm×20cm。沥青路面、坚固岩石等也可采用设置钢钉及凿制。标石制作规格及埋设断面图如图2-1所示。

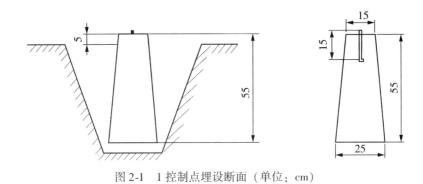

图2-1 1控制点埋设断面（单位：cm）

（3）GPS控制点埋设完毕后，应做好点位说明。

3）观测

在控制点标石埋设完毕后，应使其稳定一段时间，经过一个雨季，使之稳固后再进行观测。为了提高GPS观测的精度与可靠性，GPS点间应构成一定数量的由GPS独立基线构成的非同步闭合环，使GPS网有足够的多余观测，并使得每条基线得到充分检核，提高整网的可靠性。

（1）观测准备：对所用观测仪器进行检验；利用GPS有关软件，查阅测区卫星可见性预报表，合理选择最佳观测时段；根据观测要求、卫星可见性预报表、各点的周围环境及交通状况制订详细的工作计划、工作日程、人员调度表、观测要求一览表等。

（2）GPS观测：GPS作业方式采用静态相对定位模式。GPS观测必须满足表2-1所列有关条件。

表 2-1　　　　　　　　　GPS 测量作业基本技术指标

项　　目	指　　标
卫星截至高度	≥15°
数据采样间隔	15s
有效观测卫星个数	≥6
观测时段	≥2h
平均重复设站数	≥3
GDOP 值	≤6

　　观测组严格按照调度表规定的时间作业，保证同步观测同一卫星组；对设有观测墩的控制点进行强制对中，对联测的国家点用经检验的光学对中器对中。为消除天线相位中心偏差对测量结果的影响，安置天线必须严格整平，使天线标志线指北，定向误差不大于5°；天线高测前、测后各量测一次。量测时，必须使用厂家配套的天线高量测尺，将钢尺尽可能垂直拉紧，准确量取，估读到0.1mm，并且其互差不得大于 3mm。

　　2. GPS 数据处理

　　GPS 数据处理主要是指利用专业的数据处理软件包对采集到的数据进行解算。基本步骤为：首先，将外业采集的数据文件传输到计算机中；其次，在数据处理软件中输入测站信息；最后，进行基线解算，一般将解算平差样式设置采用 95% 置信界限。

四、GPS 在水利工程测量中的应用

　　水利工程一般选址于深山沟壑之中，对测量来说，地形复杂，地表植被覆盖较多，通视条件较差，国家控制点稀少，光学仪器控制测量难度较大，利用 GPS 就能较好地解决这些问题，因为 GPS 接收机不受地形条件、气候、时间的限制和影响，能够及时准确地完成控制测量和其他定位工作，能大幅度减少或者免做像控点，减少测绘工作量，提高效率。因此，GPS 技术凭借其定位系统所具有的高精度、观测时间较短直至实时定位、全天候、适用地域广、经

济效益高、易携带等特点，使其在水利工程测绘中得到了广泛的应用，其具体应用有以下几个方面：

1. 水工隧洞的贯通

对于落差大、流量小的山区河流，往往需要建造引水式电站，这样，挡水建筑物（坝、闸）往往就会与发电建筑物相距较远，水库中的水通过引水隧洞到发电站厂房，当引水隧洞较长时，施工控制网的作用就是保证正确贯通。用 GPS 建立施工控制网将会极大地简化测量工作，因为用传统方法所建立的控制网点并非都有用，其中有许多点是过渡点，或者是为增加图形强度而设置的，而采用 GPS 测量就可以直接测定洞口点的相对位置，无需测定其他过渡点，这样就节省了大量的外业工作，使隧洞贯通、测量变得十分简单有效，并且使得测量精度也能够得到较大的提高。

2. 大型水工建筑物变形观测

采用 GPS 技术可以实现变形的实时观测，当变形观测点能够放置仪器而未设基准点时，可以直接测定变形体上目标点的相对位置变化，或者目标点相对于远离变形区外的稳定基准点的绝对位置变化；当变形观测点不易设置仪器时，GPS 测量可以很方便地校核变形观测基准点的稳定性，不需要设置复杂的参考网。例如 1986年，美国工程兵测绘研究所用 3～10 台 Trimble 4000 sl 接收机、CMS 软件和 2 台带有打印机和绘图机的微机组成大坝连续监测系统 CMS。工作时，将 2 台接收机放置在稳定基准点上，其他接收机则安置在建筑物的目标上。然后在爱达荷州 Orfino 附近清水河的DWORSHOK 大坝进行了实验，得出如下结论：如果目标点和基准点相距在几公里之内，CMS 将能检测出约 6mm 的三维移动。

3. 水力发电机组安装测量

对于水力发电机组来说，由于各部分之间均处于发电系统的流程中，为了保证系统正常运转，各部分之间的相对位置精度要求很高，故而从下到上十几米至几十米的高度处的建筑物，在放样时必须设置统一的放样基准，这样就需要建立高精度的施工控制网，但是，因为施工现场通视不好，导致安置仪器麻烦。而 GPS 建立施工控制网自动化程度高，可连续观测，无需通视，布点灵活，全天候观测，可进行三维坐标测量，这与传统仪器相比，极大地提高了工作效率和精度。其安装测量程序是用GPS技术建立施工控制网，由施工控制网放出建筑物主轴线和辅助轴线及各机组中线，再由中心线放出各机组位置。由于GPS测量在高大建筑物间，其卫星信号受到建筑物的遮蔽及其产生多路径的影响，使之无法应用GPS技术进行碎部测定，因此主要采用GPS速测仪的方案，在这里，任务的划分是十分明确，由GPS测定主要点，碎部测量放样由光电速测仪承担。因此GPS主要用来建立施工控制网，其后的工作还由常规仪器来观测。

4. 水下地形测量

河道水下地形图用于反映河道在水流和河床相互作用过程中河床平面和高程所发生的变化，是河势整治工程、防洪保坍、制订中长期防洪规划的重要基础资料。例如，长江中下游干流河道一般每五年施测一次万分之一地形图，普通堤防不仅每年汛期前后都要进行千分之一的大比例尺测图，而且在险工险段、特大洪水或枯水年还要增加测量次数。

传统的测量方法不仅测量作业效率低、成本费用高，而且成图周期长，因此传统的测量工艺难以满足河道水下地形测量的要求。GPS技术所具有的精度高、作业周期短的优势在这里能够得到充分体现。使用GPS与测深仪结合，将每个采样点的三维坐标数据输进计算机，通过专用软件处理，就可以迅速得出水下地形数字化地图，设计人员使用CAD作图时调用十分方便。该技术还可以不受地形条件影响现场成图，及时进行对比分析，提供险工险段监测报告供现场指挥决策，也可以同步远传省市防汛指挥部门，为防汛抢险统一调度提供数据。

1998年怀宁县跃进圩、繁昌县保定圩的抢险测量工作正是因为采用了GPS定位技术，及时提供实时的水下地形图，清晰地展现了水下崩塌情况，为指挥部制定抢险方案提供了准确资料。

1998年长江流域发生的特大洪水，除了对人民的生命财产造成巨大威胁外，对长江中下游河道局部河势影响也较大，为了获取最新的水文信息，就必须要对河道断面进行流速流量测量。过去确定测船的位置主要依靠两岸设置的断面标志，通过光学仪器判断测船是否在测验断面上，如果两岸断面延长线上所设定的位钢标间距离与断面宽度之比太小，又恰逢下雨、起雾、光线差等自然条件，通过延长线法，很难保证测船每次抛锚定位都能保持在同一测验断面上，因而将会在很大程度上影响实测流量精度。但是使用 GPS 技术，这些问题就迎刃而解，只要在测量软件的界面上输入测验断面左右岸的坐标和每条施测垂线坐标，安装了 GPS 接收机的测船就能直观地看到自己的位置，并可以准确定位，在既定点进行水文测验工作。采用这种方法可以获得十分重要的特大洪水资料，无论对当时的防汛总调度还是对制订今后的防洪规划都意义重大。随着科学技术的发展，近年来测船上都安装了 ADCP 多普勒流速剖面仪，它主要利用多波束声学换能器所发射的声脉冲在随流运动的水体悬浮物质中所产生的多普勒效应进行测流，能测量不同水层的三维流速和流向，一台 ADCP 相当于一大串常规流速计所起的作用。GPS 定位信息同步传送给 ADCP，测船沿着测验断面从左岸开往右岸，整个断面流速流向流量参数就都被采集，这样就进一步提高了工作效率。

5. 水利工程测量控制网的建立

由于在水电站通常建设在落差大的山区，在建立工程测量平面控制网时经常会遇到测试点无法相互通视，这个时候就可以借助于 GPS 的优点来进行设点和测量。例如，虎跳峡水电站水利工程测量控制网的建立中，采用 GPS 定位技术布设四等平面控制网，作为水库测量的首级控制，再以五等红外线测距导线进行加密，最后形成水库区的基本平面控制。由于测区相对高差较大，起算点落在海拔 3500m 以上的终年积雪地带，而水库区测设的五等红外测距导线要附合在这些高级点上困难极大，同时找点和设站观测十分困难。而采用 GPS 定位技术不需要两点之间的相互通视，只要求天空 15°以上的锥体范围内无障碍物存在，且点位的选择较灵活，观测和记录均由控制器自动完成，观测员只需输入测站点号及仪器高等，操作十分简单。本控制网由 6 个四等 GPS 点组成，连测两个国家二等三角点，全网共有 8 个点，控制河道长 40km 左右，经数据处理后，控制网点位中误差最大为±8.3cm，最小为±1.48cm，平均值为±2.91cm，此精度完全满足国家四等三角测量的技术要求，实践证明，在水库区布设四等GPS网是可行的。

6. 大坝的变形监测

在大坝的变形监测中，用GPS代替经纬仪，一方面，将会极大地改善对监测基准点的选点条件，用经纬仪必须保证基准点和国家控制点及观测点的通视，而GPS不需要点之间的通视条件，故避免了地形条件的影响，使得布点更加灵活方便；另一方面，GPS不受气候和时间的限制，可以随时进行观测，在遇到突发事件（如自然灾害）时，可实现实时监测。另外，GPS的高精度定位，完全满足大坝监测精度要求。观测数据自动处理，直接给出大坝水平位移和垂直位移等数值，从而便于分析，及时处理。

7. 滑坡监测

滑坡体整体变形监测是滑坡监测的重要内容，也是判断滑坡的重要依据。最初，平面位移采用经纬仪导线或三角测量方法，高程采用水准测量的方法；而后，利用全站仪导线、电磁波测距和三角高程方法。上述方法都需要人到现场观测，且工作量大，尤其是在树木杂草丛生的山区，野外作业非常困难，很难实现无人值守监测。但是采用GPS静态相对定位技术，只需求出监测点的相对位移量，即测出监测点大地高的精确变化，就能正确反映滑坡形变情况，其精度可以达到毫米级；同时，各监测站点之间不用通视，大大减少了工作量，而且可将观测数据传到数据处理中心，实现远距离监测。例如，在三峡库区宝塔滑坡的监测中，就运用GPS高程监测，多次监测精度良好，监测点平面位置精度在1.4~4.5mm之间，高程精度均在10mm以下，GPS监测与水准监测的高程结果吻合得也较好。

五、GPS RTK技术在水利工程测量中的应用

目前，用GPS静态或快速静态方法建立沿线总体控制测量，为勘测阶段测绘带状地形图，路线平面、纵面测量提供了依据；在水利工程施工阶段，为闸门、渠道、堤坝建立施工控制网，这些仅仅是 GPS 在水利工程测量中应用的初级阶段，水利工程测量的技术潜力在于 RTK（实时动态定位）技术的应用，它为水利工程的兴建提供了及时准确的测量数据和信息，而且也为运营中的水利建筑物的实时安全监测提供了可能性。

1. GPS RTK 技术概述

GPS RTK 技术即实时动态测量技术，它是以载波相位观测值为根据的实时差分 GPS（RTD GPS）技术，是 GPS 测量技术发展的一个新突破，这种技术具有测量精度高、实时性和高效性的特点，同时还可获得三维测量数据，是目前最为先进的技术设备和经济的测量方法，它在很大程度上提高了测量工作的质量和效率。GPS RTK 技术不仅可以为水利工程的兴建提供及时、准确的测量数据和信息，而且也为运营中的水利建筑物的实时安全监测提供了可能性。

GPS RTK 技术主要由以下三部分组成：

（1）数据链：用于收集整合 GPS 观测到的信息数据，同时为制定工程施工测量设计方案提供参考。

（2）基准站接收机：采用空间距离交会方式，将接收到的卫星信号经过数据处理后，解算出基线向量以及点位坐标。

（3）流动站接收：协同基准站接收机运行，根据相对定位的原理实时计算显示出流动站的三维坐标和测量精度。

由此，用户可以实时监测待测点的数据观测质量和基线解算结果的收敛情况，根据待测点的精度指标，确定观测时间，从而减少冗余观测，提高工作效率。

2. RTK 技术的定位模式

RTK 技术主要有快速静态定位和动态定位两种定位模式，在水利工程测绘中，通常将这两种定位模式结合起来使用，其应用可以覆盖水利工程勘测、施工放样、监理和 GIS 前端数据采集等全过程。

快速静态定位模式就是 GPS 接收机在每一流动站上静止地进行观测。在观测过程中，同时接收基准站和卫星的同步观测数据，然后实时解算出整周未知数和用户站的三维坐标，如果解算结果的变化趋于稳定，并且其精度已满足设计要求，便可以结束实时观测。这种定位模式一般应用于控制测量中，如控制网的加密。如果采用传统测量方法，如全站仪测量，在测量过程中将会受到客观因素的制约，在自然条件比较恶劣的地区，实施工作比较困难；但是采用 RTK 快速静态测量，将会起到事半功倍的效果。RTK 快速静态测量中的单点定位只需要 5～10min，还不及静态测量所需时间的 1/5，在水利工程测量中可以代替全站仪完成导线测量等控制点加密工作。

动态定位模式就是在测量前需要在某一控制点上静止观测数分钟（有的仪器只需 2～10s）从而完成初始化工作，然后流动站按照预定的采样间隔自动进行观测，同时连同基准站的同步观测数据，实时确定采样点的空间位置。目前，这种定位模式的定位精度可以达到毫米级。动态定位模式在水利工程勘测阶段有着广阔的应用前景，可以完成地形图测绘、中桩测量、横断面测量、纵断面测量及导线测量等工作。测量 2～4 s，精度就可以达到 1～2cm，并且整个测量过程不需要通视，具有传统测量仪器不可比拟的优点。

3. RTK 技术的特点

（1）定位精度高。GPS RTK 技术在测量观测时具有很高的测量精度和定位精度。目前的 GPS RTK 技术可以保证在动态的情况下能够在几分钟内就达到 ± 10～± 20mm 的定位精度，这完全可以满足水下地形点的平面位置精度要求。同时，在 50km 以内的基线上，相对定位精度可以达到 1×10^{-6}～2×10^{-6}，100～500km 可以达到 10^{-6}～10^{-7}，1000km 以上可以达到 10^{-9}，如果增加观测时间或者采用精密星历或精密解算软件观测，精度还会继续提高。

（2）加密控制点。进行准确测量前，首先要做控制测量，而水利工程通常多位于偏远地区，已知高等级控制点很少，因此三角网测量和测距仪导线等传统测量方法受到了很多外界条件的限制，并且造成了工作量太大。而 GPS RTK 技术只需要在测区 15km 范围内有 3 个以上且包含测区的高等级测量控制点，平均每天就可测量 30～40 个加密控制点，效率较高，操作简单方便。

（3）准确测量施工放样。利用 RTK 随机软件中的放样功能就可以进行点、直线、曲线放样测量。另外，以流动站的实地所在位置的坐标作为修正点，输入设计好的已知目标点和参考点，就可以在电子手簿屏幕上显示出流动站接收的数据和信息，同时可以计算得出实地待定点相对于目标点所偏移的距离。

（4）应用范围广。可以涵盖水利工程测量（包括平、纵、横）、施工放样、监理、竣工测量、堤坝监测测量及 GIS 前端数据采集等诸多方面工作。

RTK 技术促进了 GPS 技术向更深、更广、更新的方向发展，它既克服了常规测量要求点间通视、费工费时而且精度不均匀、外业不能实时了解测量成果和测量精度的缺点，同时又避免了 GPS 静态定位及快速静态相对定位需要进行后处理，避免了业后处理中发现精度不合乎要求，需进行返工的困扰，RTK 实时三维精度可以达到厘米级，大大减轻了测量作业的劳动强度并提高了作业效率。它为水下地形测量和 GIS 前端数据采集提供了有力的保障。GPS 接收机进行定位测量，测深仪进行水深测量，再加上专业测绘软件和绘图仪，便可组成河道测量自动化系统。工程中对采集到的水下地形点的平面、高程数据进行检查校核后，将其输入专业的数字地形图成图软件和断面图成图软件中进行处理，即可得到高精度的数字地形图和断面图。

4. RTK 技术在水利工程测量中的应用实例

下面以新疆巩乃斯河左岸水电开发规划工程为例，详细阐述 RTK 技术在水利工程测量中的应用。

1）工程概况

新疆巩乃斯河左岸水电开发规划工程位于新疆伊犁新源县境内，由巩乃斯河水力发电规划（拉斯台枢纽、喀拉奥依枢纽、南岸大渠水利枢纽等）组成。需要完成新疆伊犁巩乃斯河左岸水电开发规划工程控制测量。

2）控制测量目标

控制测量目标有：连测国家点 4 个、四等 GPS 点 24 个、五等 GPS 点 27 个、四等水准测量 75km。

3）测量方案

（1）测区已有资料的分析利用。

①平面控制资料：巩乃斯河测区使用了国家Ⅱ三角点231夏勒舍合、C级GPS点XC05、XC15、NC13，控制网起算点为231夏勒舍合、XC15；高斯正形投影3度带，第28分带，中央子午线84°；以上各点坐标系统均为1980西安坐标系，坐标比较差值很小，根据已知点之间最短（8km）边长计算边长相对中误差最差为1/216000，满足四等边长中误差1/40000的要求，已知点可以使用。

②高程控制资料：巩乃斯河测区有Ⅳ五库79、Ⅳ五库73-1等国家Ⅳ水准点，高程基准为1985国家高程基准，经外业实地检查，检测差值都在限差之内，因此以上水准点保存完好、成果可靠，可以作为本次高程起算点。

（2）作业技术依据。

执行：《水利水电工程测量规范》（SL197—97）。

参照：《全球定位系统（GPS）测量规范》（GB/T18314—2009）、《新疆巩乃斯河左岸水电梯级开发控制测量技术设计书》。

（3）作业方法。

①坐标系统：巩乃斯河水力发电规划平面系统为1980西安坐标系，高斯正形投影3°分带，带号为28带，中央子午线84°，高程基准为1985国家高程基准。

②平面控制测量网的布设：以国家三角点、C级GPS点XC15为起算点，以C级GPS点XC05、NC13为检查点，布设四等点，然后以四等点为已知点，布设五等点加密整个测区。其中，在枢纽等主要建筑物处埋设了3~4个五等点，其他在河道每隔4~5km的位置埋设了一个四等点，在河道每隔1~2km的位置埋设了一个五等点为过渡点，且两两通视，为以后测量工作的发展打下基础。

③标石的埋设：标石埋设于地质坚硬、便于保存、观测有利之处。标石埋设严格按照技术设计书要求执行，保证了后续工作的顺利进行。

④观测方法：GPS网采用两台Trimble 5700双频GPS接收机和

三台 Trimble 4600 单频 GPS 接收机进行同步观测。因测区位于河谷里，考虑到观测卫星条件不太好，故每个时段四等观测时间大于等于 45min，五等观测时间大于等于 40min，GDOP 值小于等于 6，卫星截止高度角大于等于 20°，接收机连续同步跟踪卫星数大于等于 4 颗，天线标志线指北，对中误差及仪器高的量取均至 1mm，外业采样数据剔除率小于 5%。网形采用了图形强度较强的边连式。

GPS 网的基线解算和平差使用了随机软件"T·G·O"和"科傻数据处理软件"进行。GPS 数据采样、基线解算、整体平差和坐标转换均满足规范中有关条款规定。

⑤高程控制测量：测区的首级高程控制为四等附合、闭合水准。

4）测量精度分析

（1）平面精度。四等网复测基线（GZ401-GZ⑤01）最大差值 12.1mm，限差±177.8mm；闭合环闭合差最大环为"GZ⑤07-GZ405-GZ⑤03- GZ⑤07"，差值 $D_X = 0.2mm$，$D_Y = 3.2mm$，$D_Z = 24.6mm$，限差均为±419.3mm，环线闭合差 S 为 24.8mm，限差± 726.3mm；三位网最弱边（09403—09404）为边长相对中误差 1/158000，限差为 1/40000，二维网最弱边（09403—09404）边长相对中误差为 1/188000，限差为 1/40000。

五等网复测基线（GZ509-GZ510）最大差值 9.0mm，限差 ±122.9mm；闭合环闭合差最大环为"GZ510-GZ511-GZ508-GZ510"，差值 $D_X = 1.4mm$，$D_Y = 13.8mm$，$D_Z = 25.6mm$，限差均为±382.7mm，环线闭合差 S 为 29.1mm，限差±662.8mm；三位网最弱点为 GZ521，最弱边（GZ⑤08 - T01）边长相对中误差为 1/178000，限差为 1/20000；二维网最弱点（GZ521）点位中误差 ±5.0mm，最弱边（GZ⑤08- T01）边长相对中误差为 1/200000，限差为 1/20000。

（2）高程精度。四等、五等水准精度统计：共有三段四等附合、闭合水准路线，三段五等附合、闭合水准路线，其精度统计见表 2-2。

表2-2　　　　　　　　　　　精度统计表

等级	测段	距离（km）	差值（mm）	限差（mm）
四等	Ⅰ五库79～Ⅰ五库73-1	50.3	−22.0	±141.8
四等	Ⅰ五库73-1～Ⅰ五库73-1	14.8	+9.5	±77.0
四等	伊则70～伊则69	32.5	−33.7	±113.9
五等	GZ 06～GZ 08	3.4	−1.2	±55.0
五等	Ⅰ五库79～09404	3.6	−20.2	±57.0
五等	GZ 03～GZ 03	3.9	−1.0	±59.0

测区有些点采用的是拟合高程，因所有控制点都在 GPS 拟合范围内，拟合模型选择曲面模型，PVV 为 0.65cm²，已知点的水准高程和拟合模型的高程对比见表2-3。

表2-3　　　　　　　水准高程和拟合模型高程对比表

点　名	09403	GZ412	GZ 02	GZ 08	GZ517
高程对比差值（cm）	−0.4	0.6	1	−0.1	0

水准高程与 GPS 拟合高程差值最大为 1cm，其余点均在 1cm 范围内，可达到五等水准的精度，拟合精度良好。

第二节　3S 技术在水利工程测量中的应用

3S 技术因其快速、准确、集成的特点，在水利工程测量中得到了广泛的应用。其中，GIS 是 3S 体系中的核心部分，RS、GPS 是服务于 GIS 的，它们分别在 3S 体系中充当着不同的角色和职能。RS 主要负责信息的采集，它从空中拍摄遥感影像，收集地面的地理资料，为 GIS 提供地图数据；GPS 主要是对遥感影像中提取的信息进行精确定位并赋予坐标，或者通过实地测量确定坐标，从而定位由 RS 获取的图形信息，然后将定位后的地图数据提供给 GIS 进行数据处理和分析；GIS 是信息的"大管家"，在获取由 RS、GPS 提供的数据后，通过 GIS 软件绘制地图，并建立相关的空间数据库。

一、RS 在水利测量中的应用

RS 技术是一种卫星遥感技术，不直接接触目标或现象就能收集到数据信息，并据此进行识别与分类，也就是在地球不同高度平台上使用某种传感器，收集地球各类地物反射或发射的电磁波信息，然后对这些电磁波信息进行加工处理，再用特殊方法判读解译，从而达到识别、分类的目的，为科研工程的生产应用服务。RS 相对于传统技术，具有如下特点：视点高、视域广、探测范围大；获取信息的速度快、周期短；受地面条件限制少；手段多；获取的信息量大；用途广。RS 技术通常主要应用于预可行性研究阶段或可行性研究阶段。RS 技术与其他测绘手段相配合，有利于大范围进行地质测绘，提高填图质量和选线选址的质量，减少野外地质调查的盲目性，并可以大大减少外业工作量，提高作业效率。利用遥感像片，已成为编制和订正小比例尺地形图、像片图和专用图的重要手段，可直接用于水利工程的流域规划。可以根据像片判读，进一步研究流域的地形特点、地质构造，以选择合适的坝址，确定水库淹没、浸润和坍塌范围，以及库区搬迁、淹没损失和经济赔偿等，即便在无人烟的地方，遥感像片也能提供信息。由此可见，利用 RS 技术可明显减少野外工作量，提高成图速度，缩短成图时间。

遥感技术作为一种工程地质勘测手段，近年来在我国水利工程测绘中应用越来越广泛，其用途主要包括：工程地质调查与制图、岩溶调查，对滑坡、崩塌、泥石流等物理地质现象的调查，输水隧洞、渠道等跨区域、长距离等线状大型工程地质调查，地貌、地质、地形、气候、水文等复杂特殊地区的工程地质调查，省时且经济。随着高空间分辨率、高光谱分辨率、高时间分辨率卫星数据的日益丰富及普及，RS 对水利建设及管理的影响和作用必将越来越大。

二、GIS在水利工程测量中的应用

GIS技术是在计算机硬、软件系统支持下，对整个或部分地球表层（包括大气层）空间中的有关地理分布数据进行采集、储存、管理、运算、分析、显示和描述的技术系统。GIS可以对空间数据进行一系列的空间操作与分析，为多种学科及工程应用提供有用的信息及决策服务。

GIS技术可自动制作平面图、柱状图、剖面图和等值线图等工程地质图件，还能处理图形、图像、空间数据及相应的属性数据的数据库管理、空间分析等问题，将GIS技术应用于工程地质信息管理和制图输出，是近几年工程地质勘察行业的热点和发展趋势。GIS目前已经广泛应用于防洪评估、洪涝灾害风险分析及城市防洪管理。GIS能非常方便地进行水资源信息的空间与属性双向查询、水资源信息的时空统计、多种方式的可视化表达及各类信息的空间分布和动态变化过程模拟等。GIS还能进行河道演变分析，绘制河道的断面图、某地冲淤过程的累积图等，可直接从图上提取数据，并自动绘制成图，并可以将不同时期的水下地形图数字化，分别建立各自的数字高程模型。

在大型的水利水电工程建设方面，RS技术可以快速、经济和客观地为大型水利水电工程选址提供所需要的地理、地质、环境以及人文等各类信息，从而提高了工作的效率和质量。GIS是水利水电工程选址、规划乃至设计、施工管理中十分重要的分析工具，例如移民安置地环境容量调查、调水工程选线及环境影响评价、梯级开发的淹没调查、水库高水位运行的淹没调查、大中型水利工程的环境影响评价、防洪规划、大型水利水电工程抗震安全、河道管理、大型水利水电工程物料储运管理、蓄滞洪区规划与建设，等等。

水利管理部门通过利用GIS来绘制流域水系分布，并把它们链接为数据库，同时，把每个元素，包括水库、管线节点以及系统附属物等加以定义。RS是最重要的水资源监测手段之一，GIS则是重要的管理平台。通过遥感手段采集水资源数据，GIS技术进行分析，可以监测水资源的污染程度，如利用 TM 图像确定水生物（藻类）、赤潮的范围等。另外，利用卫星遥感信息监测河口、河道、湖泊和水库泥沙淤积，可预测河道变化、河道发展趋势。

三、RS 和 GIS 集成在水深测量中的应用

水深量测是水利、航运、近海工程、水资源利用、滩涂开发、洪涝、风暴潮灾害防治等方面必不可少的一项工作。面积大到海洋，小到河沟；时间长到岸滩、河口演变，短到水位瞬间暴涨，都需要掌握有关区域水深的变化情况。因此，随着测量技术、定位技术和计算机技术的不断发展，适应国民经济各领域所需要的水深量测技术也得到了进一步的发展。

传统的水深量测方法是：利用航行船只上安装的测深设备（如测深杆、测深锤、回声测深仪等）和定位设备（如六分仪、雷达定位仪、GPS 等）将所需量测水域网状布点，测出全水域各点的水深，然后再按出图要求计算并制图，从而得到所测水域水下地形图。河道、水库、湖泊、浅海水域大多采用上述方法。洪涝、风暴潮淹没地区水深的测量则较为困难，只能依据代表点水位资料来估算淹没水深，并且由于灾害发生时交通、通信很容易遭到破坏，人员设备安全无保障，水深资料的获取十分不易，连续的全景水深图更难以得到。随着空中三角测量技术的发展，人们逐渐发现了遥感影像信息同浅水水深的相关关系，将 RS 技术应用于水深量测。特别是近十年以来，多光谱可见光扫描技术的应用和发展，大大提高了遥感方法对水的最大可测深度和测量精度。随着 GIS 技术的快速发展，人们尝试将 RS 技术和 GIS 技术相结合，以解决只靠光谱特征的分类手段不能满足实际工作对精度要求的问题，从而进一步改进量测手段和扩大应用范围，同时，为水深从静态到动态的现状描述及预测预报奠定基础。

1. RS 测深原理及应用

RS 主要是通过遥感平台（如飞机、卫星等）、平台上的传感器（如摄影机、扫描仪、辐射计等）、数据资料传输和接收系统以及数据资料处理解译判读系统来完成任务的。RS 测量水深的基本

方法是：对量测水域发射和反射的电磁波谱进行收集、传输、校正、转换和处理，即将水域水底地形性质所决定的电磁波精确地转化成影像和数据，然后获得水下地形图和水深数据。

从空中和宇宙空间对水域水深进行遥感测量，电磁波必须穿透厚厚的大气层和水体。对遥感水中信息来说，在水体透过性好的波段只有可见光波段的电磁波，它对大气层有最好的透过率，对水体有最小的衰减系数，因此，目前水深遥感主要依靠可见光波段。图 2-2 为水体反射光示意图。传感器所能接收到的水体信息电磁波，即水底反射光则主要用于水深量测。水体对可见光的衰减系数越小，则辐射穿透性越好。衰减系数 K 和透视水深 Z_R 成反比。光进入水体，向深处传播过程中，前向辐射强度随着水体和水中悬浮粒子的吸收和散射作用呈指数衰减，衰减系数随波长和水体浑浊度而变化。海洋中，不同浑浊度海水的衰减系数见图 2-3。由图 2-3 可见，衰减系数最低的波长为 $0.5 \sim 0.6 \mu m$，即陆地卫星 MSS4 的波段或 TM2 的波段，这一波段通常适宜水深量测。从图 2-3 还可看出，衰减系数随水体浑浊度增大而增大。由以上原理可知，光遥感

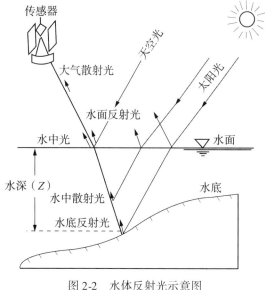

图 2-2　水体反射光示意图

的可测深度 Z_R 由下式计算：

$$Z_R = \frac{n^M}{2.3} Z_{90} \qquad (2-1)$$

$$M = \frac{L(1-\alpha)}{\sigma} \qquad (2-2)$$

式中，Z_{90}——太阳光强度在水体衰减 90% 时的水深；

　　　n——水面折射率；

　　　L——传感器显示的辐射值；

　　　α——大气层辐射与 L 之比；

　　　σ——综合误差指标。

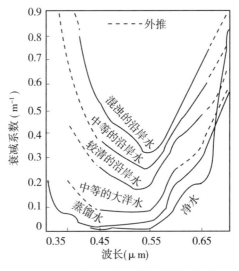

图 2-3　不同浑浊度海水的衰减系数图

　　多光谱遥感技术在水深量测中的应用逐渐受到人们的重视。这一技术的发展，使得水体中遥感信息越来越丰富。不同波段光对水体有不同穿透力，应用多波段可见光扫描水域所获得的遥感数据，经过理论解译模式或统计相关模式等方法的提取和计算，水深量测的质量得到了较大提高。

2. GIS 在水深测量中的应用方法

地理信息系统常用来分析和处理一定地理区域内分布的现象或过程，注重空间实体及它们之间的相互关系。表示空间实体的数据就是空间数据，它的基本特征是位置特征和非位置特征（即属性特征）。位置特征反映了数据的地理空间位置，如某事物所在的经度和纬度，属性特征反映了某事物的实际现象和类型、数量等特征，如高程等。地理信息系统就是用于空间数据的输入、存储、恢复和使用。在水深量测中，应用 GIS 技术，能够大大提高水下地形测量工作的效率和精度，并能更加科学有效地利用测量成果。

水下地形高程测量所用的 GIS 方法是数字地形模型 DTM（Digital Terrain Model）。该模型是带有空间位置特征和地形属性特征的数字描述。属性特征为高程的，称为数字高程模型 DEM（Digital Elevation Model）。DEM 一般是指以网格组织的某一区域地面高程（或某一水域水下地形高程）数据，网格点对应的是高程要素。DEM 是建立 DTM 的基础数据，在 GIS 中是一个层面，由此层面可以计算出其他层面，也可以利用其显示效果得到三维立体图和地形剖面图，并可以叠合其他属性层面建立专题信息系统，从而完成多种资源与环境分析。

将 GIS 中的数字高程模型应用于水深量测主要涉及以下几个方面：

（1）水域地形图数字化。可将对象水域的地形图数字化后储存于 GIS 内，以供随时直观显示和分析水域水深状况，包括地形剖面的显示、某处可视面的确定、地形特征的三维立体观察等。

（2）数字化后的地形图与其他信息源分别分层叠合分析。如对遥感影像数据进行定量分析，按不同水深的光谱类别分类识别，并分别转换到 GIS 中形成各自独立层，再与 DEM 中各层叠合分析，确定通过两种不同信息源、不同手段所得结果之间的关系。

（3）以遥感数据作为信息源，经计算机处理，直接将遥感数据自动识别分类，再经编辑处理成为专题图送入 GIS 数据库中。遥感数据的自动识别分类，依照样本区域的遥感分类识别与 GIS 叠合分析所建立的关系来确定，最后送入 GIS 数据库的专题图，即对象水域水深图。

（4）由（3）中测出的水深图，可以通过 GIS 诸功能进行水深状况显示、各点水深值计算确定、高程特征值计算和三维动态演示。

四、3S 集成在水利测量中的应用

随着 3S 技术在测绘科学中的应用日趋成熟，它已经被广泛应用到了河道水文测量中，极大地提高了河道水文测量的效率和精度。下面结合河道测量、冲淤变化监测等案例加以分析。

长期以来，河道水文测量通常是利用六分仪、经纬仪、水准仪来进行测定，这些传统的测量方法不仅测量周期长、精度低，而且劳动强度大、测量标志耗费大，不能满足河道动态监测及河流治理、防洪减灾的需要。

河道水下地形测量及容积、冲淤量的计算是水文测量的基础业务之一，及时了解河道变化及冲淤变化资料，为水资源合理调度、泥沙有效控制、防洪减灾正确决策、灌溉和发电等各项科学管理工作提供基本依据。河道主流变化分析主要是反映河势情况，通常包括对河道平面形态变化、河道纵剖面变化及深泓线变化情况的分析等。

河道冲淤分析是河道演变分析的重要环节，工程中常采用断面法，即利用河道槽蓄量的大小变化判断河道的冲淤。该方法的前提是断面间距能够正确地测定，断面间水底地形和河床变化规则，而且无支流。而实际地形的变化错综复杂、河床参差不齐，所以这种方法计算的冲淤量无法准确反映河道的冲淤变化情况。而采用 3S 集成技术就可以很好地解决这一问题。GPS 能快速准确定位观察的对象，而 RS 具有快速、同步等特点，获取所定位目标的影像及时间，经解译后成为有用信息，最后 GIS 则有序地将获取的信息进行管理、综合分析及加工。下面分别阐述三种技术在河道水文测量中的作用和应用。

1. GPS 在河道水文测量中的应用

在河道水文测量中，主要是充分利用 GPS RTK 技术及测深仪组成的测量系统来获取河道信息。首先，利用 GPS 接收机进行定

位测量，其次，利用测深仪进行水深测量，然后对采集到的水下地形点的平面、高程数据进行检查校核后，输入专业的数字地形图成图软件和断面图成图软件中进行处理，即可得到高精度的数字地形图和断面图。

2. RS 在河道水文测量中的应用

1）利用遥感图像获取所需河道水文信息

以遥感手段获得的河道信息通过信息提取产生需要的专题图像，通过计算机的图像校正、图像增强、图像分类、图像变换及图像数据结构的转换，将遥感信息作为信息源提供给 GIS。在对遥感图像进行判读解译和相关分析之前，必须首先对遥感图像进行投影变换和几何纠正处理。为保证遥感图像与地形图保持地理几何位置的一致性，必须对遥感影像进行相应的投影变换，最后将图像处理结果转换成 GIS 能够接收的数据格式。充分利用图形资料（尤其是电子地图，对非电子形式的图形资料要进行数字化，建立起矢量图形库）和图像资料，以便提取高程数据以建立数字高程模型（DEM），以及对遥感图像进行几何配准和校正。产生数字高程模型后，就可以利用 GIS 软件提供的地形分析功能进行等高线计算、水面面积和体积计算、冲淤量计算、坡度坡向的分析和计算等。

2）遥感动态监测

遥感动态监测就是对同一区域运用不同时相的遥感图像，以获得区域变化的遥感影像。动态变化监测已成为遥感应用的一个主要方面，多时相、多种类型的传感器对同一地区进行定期或不定期的资源与环境调查，能及时、准确、宏观地反映客观情况。以多时相遥感影像为数据源，通过重点分析最佳组合波段的选择和水体信息特征提取的图像处理方法，为遥感技术在水环境方面的研究提供一定的理论依据。同时，利用数字遥感技术，实现随时间变化的水域动态监测和枯水期、丰水期的水域变化的动态监测，为防洪、抗洪、水资源合理调度、河道规划治理工作提供科学依据。

3）水深遥感冲淤变化分析

水深遥感是利用可见光在水体内的穿透能力，通过飞机、卫星等遥感平台，利用辐射计、摄影机等遥感设备，将水下一定深度范围内的立体单元信息按照一定的规则采集下来，再通过信息处理软件分离出可见光穿透的水体厚度信息，即可获得水深。利用入水辐射强度与水深、水体浑浊度之间的关系，通过测定、处理辐射强度来量测水深。在研究河床冲淤时，常常因实测资料遗缺，无法进行系统分析和比较。遥感信息获取便捷，水深遥感研究已取得初步成果，因此在缺乏某一阶段实测资料的情况下，可利用历史阶段遥感资料推求出水深，从而实现冲淤分析的目的。考虑到用某一时相遥感资料所得水深精度较实测地形精度差，用实测地形与遥感所得地形直接产生河床冲淤值，误差会很大，而用两个时相遥感水深计算河床冲淤则能满足分析精度的要求，其原因是：尽管遥感水深误差大，但从反演所得的断面图来看，遥感水深误差存在诸多综合因素的影响，两个时相遥感水深误差表现形式基本一样，所以差值减少了系统误差，削减了由遥感信息源转换成水深信息时的误差。此方法计算的结果与用实测地形资料计算的结果基本一致，能满足河床演变分析和冲淤量计算的要求。因此，水深遥感方法可以在地形资料短缺情况下进行长时段河床演变分析以补充缺测的资料。若将 GIS 与水深遥感技术相结合，可实现水下地形图数字化，也可以很方便地得到所测水域不同时段、不同冲刷深度（或淤积厚度）的冲淤分布。

3. GIS 在河道水文测量中的应用

GIS 是水文资料管理的重要工具。在 GIS 中还有计算距离、曲率、表面积、周长等工具，即用即得，利用 DEM 模型可以很方便地得到某点的高程。河道演变分析主要是冲淤分析。GIS 利用 DEM 模型数据能立即计算出两冲淤监测断面间的冲淤量，不仅便捷，且精度大为提高。河道某断面图的绘制、某地冲淤过程的累积图等，可直接从图上提取数据，并自动绘制成图。所有这些 GIS 功能对于分析河道演变的成因、了解河道演变规律都有着十分积极的意义。GIS 技术用于水下地形的冲淤变化分析比传统分析方法更加科学合理、精确度高。

第三章 3S 技术在水利工程设计与施工中的应用

第一节 水利工程设计概述

一、水利工程

水是人类生产和生活必不可少的宝贵资源，但其自然循环的状态并不完全符合人类的需要。只有修建水利工程，才能调节水量的时空分配，兴利除害，满足人们生活和生产对水资源的需要。水利工程是指以兴利除害为目标，用于控制和调配自然界的地表水和地下水而修建的工程。

水利工程类型繁多，也有多种分类方法。按其服务对象，可分为防洪工程、农田水利工程、水力发电工程、航道和港口工程、供水和排水工程、环境水利工程、海涂围垦工程等，同时，为防洪、供水、灌溉、发电等多种目标服务的水利工程，称为综合利用水利工程。

水利工程的基本组成是各种水工建筑物，包括挡水建筑物、泄水建筑物、进水建筑物和输水建筑物及专门服务于某一功能目标的其他水工建筑物（河道整治、通航、过鱼、过木、水力发电、污水处理等具有特殊功能的水工建筑物），水工建筑物以多种形式组合成不同类型的水利工程。

水利工程具有如下特点：

（1）种类繁多。各种与水相关的工程均可归入水利工程，水库、电站、堤防、水闸、抽水泵站、引水排水渠道等是我们最为常见的几种形式。

（2）技术复杂。水利工程建设涉及气象、水文、地质、力学（流体与固体）、机械、电力、自动化、经济等多种学科、多种专业、多种技术，是技术含量很高的系统工程。

（3）影响面广。一项大的水利工程不仅通过其建设任务对所在地区的经济和社会产生影响，而且对江河、湖泊以及附近地区的自然面貌、生态环境、自然景观，甚至对区域气候都将产生不同程度的影响。这种影响有利有弊，规划设计时，必须对这种影响进行充分估计。

（4）投资较大。水利工程一般规模较大、建设工期较长、投入较大，除了具有一定的经济效益，一般具有较大的社会效益，因此，要进行较为充分的经济分析论证。

一个完整的水利工程建设包括前期规划设计、施工建造、运行维护管理三个阶段。

二、水利工程设计

水利工程设计属于水利工程建设的前期阶段，它是指人们综合运用水利工程的相关知识和技术将某一水利工程建设的规划设想变成赖以进行施工建设的成果凭据的活动过程，工程设计的成果往往以图纸或报告书的形式出现。

完整的水利工程设计一般可分为规划、可行性研究、初步设计和技施设计四个阶段。一些小型水利工程将规划与可行性研究合并，将初步设计与技施设计合并，简化为两个阶段。

规划是指以流域或区域为单位，对该流域或区域的水利工程建设做出的整体性安排。一般从流域或区域的气象、地理条件入手，综合考虑流域或区域社会经济发展与水资源依存利害关系，对流域或区域水利工程建设的总体规模、工程类型、空间配置、优先秩序、资金筹措做出统筹性安排或建议。规划一般要经权威性行政机构进行审批，审批后的水利工程规划是某一项水利工程建设的最为重要的建设依据或立项理由。

可行性研究是指针对某一具体拟建的水利工程项目，在项目投资决策前，对有关的建设方案、技术方案和运行管理方案进行的技术经济论证。可行性研究必须从项目总体出发，对技术、经济、环境、法律等多个方面进行分析和论证，以确定建设项目是否可行，为正确进行投资决策提供科学依据。可行性研究的成果一般以项目可行性研究报告的形式出现，它是主管审批机构进行审批决策的主要文件。项目可行性研究报告能否通过审批，是项目能否立项进行建设的关键。

初步设计是根据拟建工程项目批准的可行性研究报告，补充收集大量该项目工程的相关资料，对该工程建设进行更进一步的技术经济方案详细论证，研究确定项目实施的各项主要技术参数和主要经济指标，为进一步进行技施设计奠定基础。初步设计是工程设计工作量最为繁重的阶段。初步设计的成果以报告书和工程设计图纸（纸质的或电子的）的形式出现。

技施设计是按照审批后的初步设计方案所确定的主要技术参数（如工程总体布置方案、各分项工程结构参数、设备主要参数等），根据安装施工的技术需要，分期分批地编制施工详图的设计，同时，还要编制施工项目的进度和预算。技施设计是初步设计方案的具体化，设计成果以报告书和工程施工图纸的形式出现，是项目施工建设的主要依据。

水利工程类型繁多，不同的水利工程因主要功能不同而有不同的建设内容，所以，水利工程设计因工程类型不同而有不同的具体设计内容，在不同的设计阶段设计的重点也有所不同。概括来讲，水利工程设计的主要内容如下：

（1）工程选址：工程选址一般要进行大量的地址勘测和地面测量工作，水库和电站枢纽的选址还要进行大量的水文分析计算工作。

（2）工程布置：根据地质地形的实际情况，对各主要水工建筑物的空间摆放位置进行设计。

（3）工程结构设计：对各主要水工建筑物尺寸、受力结构、建筑材料进行详细的设计安排，如水库工程中的大坝、厂房、导流建筑物、泄水建筑物等。

（4）工程设备设计：对工程所用的各种设备进行选型或设计，如电站工程中的水轮机、发电机、闸门电器设备及其他附属配套设备。

（5）为工程运行提供各种支持的设计：供电、给排水、采暖、通风、环保、安全等工程提供运行支持的相关设计。

（6）施工设计：结合当地条件和自然环境，主要针对如何组织人力、物力，保质按时完成工程施工任务而进行的一系列设计安排，如施工的技术要求、人力物力组织方案、进度安排等。

（7）运行管理设计：对工程建成后的运行管理方案进行设计，包括机构设置、人员配备、运行管理制度的设计等。

（8）经济分析论证：包括工程项目的投资概算、资金筹措方案、社会经济效益评价、建设资金使用方案等。

（9）环境影响评价：对工程建设所产生的各种环境影响进行甄别和论证，提出相应的对策方案。

三、水利工程施工

水利工程施工有着悠久的历史。例如，我国远在公元前 256 ～前 251 年修建的都江堰，不仅体现了规划设计方面的成就，在施工技术方面也有许多创造，如离堆的开凿、鱼嘴及飞沙堰的竹笼卵石砌护以及杩槎围堰的应用等，其中有的施工方法（如卵石砌护）沿用至今。又如，黄河大堤、钱塘江海塘、灵渠及京杭运河等工程都显示出古代水利工程施工技术的成就。特别在河工方面，中国有几千年防御与治理洪水的历史，在处理险工和堵口截流等施工技术方面积累了丰富的经验。

随着现代科学技术的发展以及新型建筑材料和大型专用施工机械的不断出现与日益改进，水利工程已逐步由传统的人力施工转向机械化施工。工业发达国家于 20 世纪 30 年代，中国于 20 世纪 50 年代以来，在水利工程施工技术中逐步显示出这种变化。

1. 施工导流与截流技术

在宽河床上建坝，多采用分期导流；在狭谷河床建坝，多采用一次围堰断流，并以隧洞导流或明渠导流。施工导流的围堰形式中，用得最普遍的是土石围堰。此外，还有混凝土围堰、过水土石围堰等。河道截流方法有平堵、立堵及平立堵几种。平堵有用船舶、浮桥、缆机施工等方式；立堵有单戗、双戗或多戗等形式；平立堵有先立堵后栈桥平堵的方式。所用材料除土石外，还多用混凝土多面体、异形体及混凝土构架等。

2. 地基处理技术

常用的地基处理方法是把覆盖层及风化破碎的岩石挖掉，这是比较彻底而能保证工程质量的措施。但如覆盖层较深或风化层较厚时，完全挖掉有困难或不经济，且影响造价、工期，这就需要采取其他的技术措施，例如：①灌浆，包括用以防渗的帷幕灌浆，加固岩石的固结灌浆，防止接触冲刷的接触灌浆以及填补岩基与混凝土之间空隙的回填灌浆等；②采用混凝土防渗墙，可有效地截断地下渗流；③软弱地基加固，如换土或采用砂垫层、桩基础、沙井、沉井、沉箱、爆炸压密、锚喷、预应力锚固等措施。

3. 土石坝施工技术

传统的土石坝施工技术主要采用土、砂、石等当地材料填筑堤坝。由于岩土力学理论的发展和新技术、新设备的采用，土石坝的施工技术不断提高。主要表现在：①施工机械化程度日益提高，许多工程从料场开采、运输、上坝到铺散、压实的全过程实现了机械化联合作业，上坝强度高，用人少，工期短，填筑质量可以保证；②筑坝材料使用范围扩大，重型压实机具的采用使劣质当地材料得到合理利用；③充分利用溢洪道、水工隧洞等开挖出来的土石料筑坝，尽量做到挖填平衡，降低造价；④高土石坝的比重逐步上升。

4. 混凝土坝施工技术

20 世纪初开始用混凝土修建重力坝。到 20 世纪 30 年代美国修建胡佛坝时发展起来的混凝土坝施工方法，为各国广泛采用，并经逐步改进，形成了一套常规的施工方法。其主要内容是：①采用柱状浇筑法；②采用低热水泥、降低水泥用量、预冷骨料、加冰拌和、通水冷却、对混凝土表面进行保护等一系列混凝土温度控制措施；③根据坝体各部位工作和受力特点，采用不同标号的混凝土；④混凝土分层浇筑的施工缝需凿毛冲洗处理，并铺设一层水泥砂浆或细骨料混凝土；纵缝和横缝设键槽，待坝体温度降到稳定温度后进行接缝灌浆；⑤采用四级配或三级配骨料拌制混凝土，用平仓机平仓和强力振捣器或振捣器组振捣；⑥发展钢悬臂模板和预制混凝土模板，20 世纪 70 年代初又发展自升式模板。

第二节　RS 和 GPS 集成在水利工程设计与施工中的应用

一、RS 在水利工程设计与施工中的应用

遥感技术是利用地面上空的飞机、飞船卫星等飞行物上的遥感器，从远处探测和接收来自目标物体的信息，收集地面数据资料，对地球表面的电磁波辐射进行探测并从中获取信息，经记录、传送、分析和判读，来识别物体的属性及其分布等特征的综合技术。遥感技术作为对地观测，是提取地表现实状况的最有利工具。

RS 在水利工程设施与施工中所做的工作主要是负责工程前期的现状调查、工程中的进程监测、工程后的效益评估。主要可以分为以下几个方面：

（1）工作人员可以提取工程区域的地形、地貌、岩性、土壤、植被信息，利用遥感的相关软件建立决策库，对项目可选的位置、路线进行可行性分析评估，进而选择最佳的位置、线路。

（2）对水利工程对环境的影响进行预评估。

（3）这些基础信息可以为项目实施不同阶段的工程人员服务。对牵涉到移民、土地征用等需要补偿的问题，可以利用监督或非监督分类方法调查面积。

（4）进行工程规划如果需要大比例尺成图，可以利用大比例尺航片构建立体，在立体环境中提取需要的信息，建立 3D 信息图，利用高分辨率的图像或航片，可以对工程进展进行监测。

（5）对于修建水库等水流相对静态的工程，如果评估不同海拔高程、水位高影响上游的范围，可以利用遥感软件中对水层功能分析的模块快速获得坝高、水位高影响范围，并可以输出为矢量

图，进而与其他信息叠加和分析，获得其他需要的信息。

二、GPS 在水利工程设计与施工中的应用

1. 截流施工

截流的工期一般都比较紧张，其中最难的是水下地形测量。水下地形复杂、作业条件差，水下地形资料的准确性对水利工程建设十分重要。传统测量采用人工采集数据，精度不高、测区范围有限、工作量大、时间上不能满足要求，而 GPS 技术则能大大提高数据精度、测区范围等，保证施工生产的效率，保证施工顺利进行。利用静态 GPS 测量系统进行施工控制测量，选点主要考虑控制点能方便施工放样，其次是精度问题，尽量构成等边三角形，不必考虑点和点之间的通视问题。另外，用实时差分法 GPS 测量系统可实施水下地形测量，系统自动采集水深和定位数据，采集完成后，利用处理软件，可数字化成图。例如，在三峡工程二期围堰大江截流施工中，运用 GPS 技术实施围堰控制测量及水下地形测量，并取得了成功。

2. 工程质量监测

水利设施的工程质量监测是水利工程建设过程中必须贯彻实施的关键措施。传统的监测方法包括目测、测绘仪定位、激光聚焦扫描等，而基于 GPS 技术的质量监测则是一种完全意义上的高科技监测方法。专门用于该功能的 GPS 信号接收机，实际上为一微小的 GPS 信号接收芯片，将其置于相关工程设施待检测处，如水坝的表面、防洪堤坝的表面、山体岩壁的接缝处等，一旦出现微小的裂缝、开口，甚至过度的压力，相关的物理变化就会促使高精度 GPS 信号接收芯片的纪录信息而发生变化，从而将问题反映出来。若将该套 GPS 监测系统与相关工程监测体系软件、报警系统联合，即可实现更加严密而完善的工程质量监测。

3. GPS 实时施工测控系统

GPS 实时施工测控系统是一种在大型水利工程施工中推广应用的新技术。它不仅可以直接用于陆地上各放样点的自动、快速、准确定位，而且可以极大地降低劳动强度和测量工作的复杂性（多

级布网、加密等），便于对控制系统的检查、复测。例如，在三峡大坝早期围堰合拢时，GPS实时测量技术曾在合拢口的形态和水文特性的测量中得到应用。

大型水利工程建设中普遍场面大、构筑物繁多，传统的施工测量作业任务重、内容复杂，需要一支较大的队伍承担此任务。通常，施工测量必须建立多级控制网，但是逐级布设的控制网精度损失严重，受各种构筑物建设环节及位置所限，布网较困难。此外，控制网定期检查和复测的工作量也非常大。因此，大型水利工程建设过程中在环境条件允许时应采用GPS实时施工测控系统。在整个施工区域内，首先利用GPS布设高精度控制网，然后选定2～3个GPS固定点作为施测系统的基准点，在施工期内进行连续观测，以GPS流动站测放各构筑物细部。GPS实时动态定位（RTK）技术在几分钟内就很容易达到±10～±20mm的定位精度，可以完成绝大部分施工平面定位工作。在定位要求较高的部位，可以采用GPS静态测量的方法建立静态控制网。经过30～40min观测，定位精度可以达到±(2～3)mm，满足较高精度要求的一些重要部位施工放样的需要。另外，为了解决施工放样的高程精度要求，可以预先施测一些精密水准点，并对这些点进行GPS观测，利用目前GPS水准拟合方法，建立施工区域GPS水准的高程异常模型，这样就可以实现水利工程施工中凭借GPS实时测控系统精确地测放三维坐标。

此外，GPS实时测控系统在施工过程中对河床断面、坝区水下地形、水文要素等各种有关的测量作业都能发挥重要作用。GPS实时施工测控系统还可用于大堤防汛监测，不仅能够在防汛时反映大堤的实时工作状态，而且可以建立长期有效的大堤安全监测系统。例如，在南水北调东线一期工程、胶东地区引黄调水工程、沂沭泗河洪水东调南下测量工程中，根据工程的实际需要，放弃了传统导线测量的控制方法，而利用GPS静态定位、快速静态定位和实时动态定位技术（RTK）来进行控制网测量和部分碎部测量。GPS的高精度放样功能，在线路断面端点的放样和南水北调东线一期工程以及胶东地区引黄调水工程的征地边界放样工作中发挥了很大作用。

第三节　GIS 在水利工程设计与施工中的应用

一、GIS 在水利工程选址中的应用

GIS 作为采集、存储、处理和分析空间数据的强大工具，通过地面模型自动生成功能及三维空间处理模块，可实现虚拟三维现实的直观演示和各种分析，为领导决策提供一种方便快捷的分析方法和信息支持。作为支持空间定位信息数字化获取、管理和应用的技术体系，随着计算机技术、空间技术和现代信息基础设施的飞速发展，GIS 在经济信息化进程中的重要性与日俱增。它已经被广泛应用到各种研究领域当中，如资源管理、环境评价、区域规划、公共设施管理、矿山等方面，同时也被应用到各类工程设施的选址中，如水利、隧道施工等。在水利工程选址中，特别是大型水利工程（如跨流域调水工程）选址，往往涉及范围广泛、内容复杂，应用传统的选址方法往往需要大量的野外实地踏勘工作，这不仅耗费巨大的人力、物力和财力，而且也将给施工的进度造成极大的影响。水利水电工程地质选址是水利工程建设的重要环节，关系到工程项目的投资、安全运营、后期维护等各个方面。随着 GIS 技术的飞速发展，空间基础数据获取的渠道不断增多，时效性也不断加强，在水利工程选址工程中充分利用这些信息，不但可以节约人力、物力和财力，而且可以提高工作效率和决策的科学水平。本节主要讲述 GIS 在水利工程选址中的应用，重点介绍三维 GIS 在水利工程选址中的应用，并以 ArcGIS 的 ArcGIS 3D 分析模块来进行举例说明。

1. 基于 GIS 的水利水电工程地址选址评价方法

水利水电工程地质选址是水利工程建设的重要环节，关系到工程项目的投资、安全运营、后期维护等各个方面。现以湖北省宣恩县桐子营水利水电枢纽工程为例，对备选场址的工程地质条件进行分析，建立工程地质选址评价指标体系，然后针对工程地质条件与水利工程的关系进行评价，最终得出优选的场址。

在进行工程地质选址的过程中，既要进行定性分析又要定量分

析，两者相结合建立工程地质选址评价指标体系，确定选址评价指标，通过对各指标之间的对比分析建立数学模型，通过计算对工程地质选址方案进行评价。

1）工程概况

桐子营水库拟建坝高 67.5m，库容 $0.8438 \times 10^8 m^3$，正常蓄水位 618m，控制流域面积 503km^2。坝址区全部坐落在粉砂岩地区，具有复杂的剪切带构造和断裂构造发育，同时不同深度发育有弱风化带、强风化带。可行性研究阶段共选择了三个坝址，即上坝址、中坝址和下坝址。

2）工程地质选址评价指标

工程地质选址评价指标体系需要综合反映研究范围工程地质条件的各种因素特征，在选取评价指标的过程中，应在专家评判的基础上，结合对工程影响较大的场址控制指标，运用层次分析模型，建立选址评价指标体系。

本案例中建立的水利水电工程地质选址评价指标如图 3-1 所示，其中评价因子的选取主要考虑对场址区域各种工程地质因素，选择地形地貌、地层岩性、构造剪切带、水文地质条件等原生地质环境以及对坝体安全具有影响的地质灾害和建设坝体所需的天然建筑材料作为工程地质选址的评价指标。

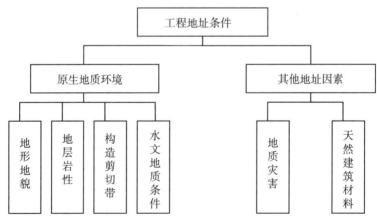

图 3-1　工程地质选址评价指标图

3）工程地质选址评价指标权重

根据确定的选址评价指标体系（图 3-1），运用层次分析法对其进行权重计算，结果如表 3-1、表 3-2 所示。

表 3-1　　　　　　　　　　　　一类指标权重

	原生地质环境	地质灾害	天然建筑材料	权重
原生地质环境	1	2	4	0.58
地质灾害	1/2	1	2	0.28
天然建筑材料	1/4	1/2	1	0.14

$\lambda_{max}=3$，$CI=0$，$CR=0<0.1$，满足一致性检验。

表 3-2　　　　　　　　　　　原生地质环境指标权重

	地形地貌	地层岩性	构造剪切带	水文地质条件	权重
地形地貌	1	3	1/2	1/2	0.23
地层岩性	1/3	1	1	2	0.20
构造剪切带	3	1	1	2	0.33
水文地质条件	2	1/2	1/2	1	0.24

$\lambda_{max}=4.237$，$CI=0.0174$，$CR=0.036613<0.1$，满足一致性检验。

该评价体系计算子指标权重分值由 AHP 法给出，即：子指标体系分级按对建设的有利条件进行分级并赋分，完全适宜赋分为 1，完全不适宜通过则赋分为 0，其分值区间为 [0，1]，具体打分情况如表 3-3 所示。

表 3-3　　　　　　　工程地质选址评价指标体系结构

权重	内容	分值	内容	分值	内 容	分 值
工程地址选址评价综合指数	原生地质环境	0.58	地层岩性	0.20	0.2	备选场址岩土性质对坝体稳定性影响加权	软弱岩层发育
				0.5		软弱岩层发育一般
				1		软弱岩层不发育
			地形地貌	0.23	0.1	备选场址地貌形态加权	不对称阔谷
				0.7		对称 "U" 形谷
				0.9		不对称 "U" 形谷
			水文地质条件	0.24	0.4	备选场址地层透水性加权	$10<q<100L_u$
				0.8		$1<q<10L_u$
				1		$q<1L_u$
			构造剪切带	0.33	0.2	备选场址构造剪切带影响程度加权	无影响
				0.5		影响程度小
				7		影响程度大
	地质灾害	0.28	地质灾害	1	0.1	备选场址地质灾害对坝体危害程度加权	危害程度大
				0.5		危害程度一般
				1		危害程度小
	天然建筑材料	0.14	天然建筑材料	1	0.2	备选场址天然建筑材料满足建设需要的加权	满足 50% 以下
				0.7		满足 50% 以上
				1		满足所需

工程地质选址评价综合指数计算方法为：

$$P = \sum X_i \times F_i \times k \qquad (3-1)$$

式中：P —— 工程地质选址评价综合指数；

　　　X_i —— i 评价因子的权重；

　　　F_i —— i 评价因子在某分级标准下的分值；

　　　k —— 场址通过某分级类型与理想场址之百分比。

4）利用 GIS 软件实现评价计算

制作三个场址各工程地质因子图层，在 GIS 软件内建立各个评价因素的数据图层，并对各图层进行属性赋值，然后利用 GIS 的叠加分析计算出工程地质的综合指数值,最后以地质综合指数作为依据,对三个场址进行比较,得出优选场址。

5) 场址工程地质分析

按照前述评价指标体系,结合 GIS 技术,对桐子营水利水电枢纽工程场址选择进行工程地质综合指数评价。首先,根据该地区的工程地质资料,制作参与工程地质综合指数评价的各因子图层:地形地貌图、地层岩性分布图、构造剪切带图、水文地质图、地质灾害分布图、天然建筑材料分布评估图等。

然后,运用 GIS 的空间分析功能,将各因素数据运用公式(3-1) 进行计算,得出三个场址的工程地质综合指数,见表3-4。

表3-4　　上坝址、中坝址、下坝址工程地质综合指数表

评价指标		工程地址综合指数		
		上坝址	中坝址	下坝址
原生地质环境	地形地貌	0.1019	0.1009	0.0987
	地层岩性	0.0594	0.0532	0.0564
	构造剪切带	0.1671	0.2530	0.2330
	水文地质条件	0.1694	0.2131	0.2003
地质灾害	地质灾害	0.1235	0.1321	0.1152
天然建筑材料	天然建筑材料	0.0735	0.0812	0.0758
总　　　计		0.6948	0.8335	0.7794

由表3-4可以得出工程地质综合指数法评价结果为上坝址指数为0.6948,中坝址的指数为0.8335,下坝址的指数为0.7794,中坝址要优于下坝址和上坝址。

基于 GIS 的水利水电工程地址选址评价方法减少了人为因素的干扰,实现了对水利水电工程地质选址的半自动化,对于重大的工程活动显得尤为重要,为项目决策者提供了重要的决策依据。

2. 基于三维GIS 的水利工程选址

1) 三维 GIS 概述

三维 GIS 是以立体造型技术向用户展现地理空间现象，不仅能够表达空间对象间的平面关系，而且能够详细地描述和表达它们之间的竖向关系，同时还实现了对空间对象的三维空间分析和操作。与二维 GIS 相比，三维 GIS 改进了传统二维 GIS 对空间数据的表达和分析方法，加强了处理三维问题的能力，对客观世界的表达，能给人以更加真实的感受。

三维 GIS 的数据模型主要分为面模型、体模型和混合模型。面模型的数据结构主要是侧重于三维空间表面的表达，如地形表面、地质层面等，表达方式包括格网结构（GRID）、不规则三角网（TIN）、边界表示模型（B-Rep）、线框（Wire Frame）或相连切片（Linked Slices）、断面（Section）、断面-三角网混合（Section-TIN mixed）、多层 DEMS 等。实际应用中，以格网结构和不规则三角网方式较多。通过表面表示形成三维空间目标表示，其优点是便于显示和数据更新，但从本质上讲，仍然是二维的，仅仅可以获取地表的信息，对于地表内部的任意点，仍不能有效地表示。由于视觉的效果，通常还是把它认为是三维模型。其不足之处就是空间分析难以进行。体模型的数据结构主要侧重于三维空间体的表示，如水体、建筑物等，通过对体的描述实现三维空间目标表示。表达方式包括八叉树结构、四面体格网结构、不规则五面体结构等。其优点是适于空间操作和分析，但存储空间占用较大，计算速度也较慢。

2）空间数据需求分析与采集

目前处理地学三维体大多以表面表示法为主，部分要素可以用体表示法来实现。

（1）数字高程模型（DEM）的生成。建立 DEM 的方法有多种，根据数据源及采集方式可以分为以下几种：

①直接从地面测量，如用 GPS、全站仪、野外测量等。

②根据航空或航天影像，通过摄影测量途径获取，如立体坐标仪观测及空三加密法、解析测图仪采集法、数字摄影测量自动化方法等。

③从现有地形图上采集，如格网读点法、数字化仪手扶跟踪及扫描仪半自动采集法等。

由于第一种方法需到实地量测大量的高程，基本上只用于内插 DEM 的检测和其他用途。第二和第三种方法在测绘生产上经常采用，其中航测法主要用于大中比例尺较小间距的高精度 DEM 制作，第三种方法可应用于基于各种比例尺地形图，特别是中小比例尺地形图的 DEM 制作。

通常采用的是第三种方法。首先，利用 ArcGIS 中的 ArcScan 模块对地形中的等高线进行矢量化；然后，在 ArcGIS 3D 分析模块中把所获取的等高线数据做抽稀处理；再利用相应的命令构建 TIN（首先把 TIN 转成离散点的格式，然后再构成 TIN）；最后，在 GRID 模块中把 TIN 转为栅格数据（GRID），最后生产出 DEM。

（2）遥感影像数据。遥感影像数据主要用于形成地形表面的纹理信息，增强真实感，是形象的视觉表现。根据工程的要求，通常采用卫星遥感影像或者是航空遥感影像。遥感影像在进行纹理粘贴之前，必须要进行纠正和处理，并通过地面控制点坐标把它转换投影配准到大地坐标系中，必要时，还需要对图像进行正射纠正，以保证遥感影像与地形数据及其他专题数据在空间位置上保证一致。

（3）专题地图数据。在水利工程选址中，主要包括工程区的行政境界、水系、交通、土地利用等专题数据，这些数据的作用是为了丰富三维立体的表现内容，同时也提供大量可供分析的信息，如在淹没分析中统计和评估淹没范围内的土地、交通、居民财产等方面的损失，等等。

（4）水利工程专题数据。包括已有的和拟建的水利工程设施的各种信息，大致分为依比例尺和不依比例尺两类，依比例尺的按实际大小和形状给出，不依比例尺的则以各种符号来表示。

3）三维 GIS 在水利工程选址中的分析功能

（1）三维图像显示、模拟飞行与属性查询。将地形数据（TIN）、遥感影像数据和专题数据添加到 ArcScene 中，构建出基础的三维场景，然后在此基础上进行三维分析。地形数据（TIN）、遥感影像数据和专题数据分别显示在地形表面之上，地形表面由高程数据生成的数字地面高程模型形成，遥感影像形成地形表面纹理，用来表现宏观地貌特征和相关地物特征。为了达到更形象的立体显示效果，可以夸大垂直因子和光线的方位角及高度角。对三维立体显示的内容可进行放大、缩小、漫游、旋转等操作，以便于对工程本身和所在的环境进行三维立体观察。在预先设定路线的情况下，进行三维贯穿飞行模拟。同时，在三维立体显示环境中，对专题信息进行查询和检索，对穿越地形表面的工程线路的曲线距离和曲面面积进行测量。

（2）淹没分析。淹没分析是水利工程前期选址中最重要的分析内容之一。利用 GIS 技术与水动力学水文模型相结合，再根据数字高程模型 DEM 提供的三维数据，来预测、模拟显示洪水淹没区，并进行灾害评估。淹没分析不仅涉及直接的淹没损失，还与移民安置、周边或沿线的生态环境影响评价有密切的关系。按照规划设计方案中工程的设计淹没水位，对工程周边的影响区域模拟出一定范围的淹没区，对于如水库等静止水体模拟的淹没区，一般水流缓慢，水面比降小，可近似为水平平面。对于其他大型水体模拟的淹没区，如水面高程相差较大的，可采取分片或作为倾斜平面处理。淹没区的计算如下：

$$F_{i,j} = \begin{cases} 1, & Z_{i,j} \leq H \\ 0, & Z_{i,j} > H \end{cases} \tag{3-2}$$

式中，F_{ij} 表示淹没状态；1 表示受淹；0 表示未受淹；Z_{ij} 表示地面高程；H 表示淹没水位。

淹没分析的内容主要包括淹没范围和淹没深度、受淹土地类型、基础设施、居民财产、影响人口等，同时还可以计算库容及库容曲线。

（3）土石方量计算。在 ArcGIS 3D 分析模块中，利用 CUT-FILL（土方量计算）功能计算土方量。利用 DEM 计算土石方量，首先是把三维空间实体变为长方体或立方体，然后再统计计算，最后得到研究区域的体积。在水利工程规划设计中，需要计算开挖土方量和回填土方量。通过土石方量分析，可以快速计算在各种设计方案条件下开挖及回填土石方量，便于估计总体工程量及工程造价。

（4）输水线路布置。在水利工程初步设计阶段，工程设计人员可能会随时对设计方案进行改动。在 ArcGIS 中提供了对于水利工程的建筑物、工程设施的编辑和修改功能。在 ArcGIS 中，输水线路、枢纽等工程采用空间数据中的点（POINT）、线（POLYLINE）和面（POLYGON）来表达，这样就可以方便地实现对这些工程的编辑修改，如对输水线路和枢纽的添加、删除、移动位置、改变走向以及进行输水工程属性的编辑修改等。另外，ArcGIS 对水利工程的建筑物、工程设施提供了专门的点、线、面符号，使得这些可以非常形象地表现于三维场景中。在三维场景中，可以观察水利工程所在和穿过的地形、植被和基础设施等环境，为设计方案的优选提供依据。

（5）剖面分析。剖面分析是以线代面，研究工程线路所穿过区域的地势、地质和水文特征的沿线变化过程。同时，还可以根据剖面获取高程、岩层厚度、坡度等其他类型信息。这些剖面信息为设计方案优选的重要依据。

4）三维可视化施工导流动态数字模型构造

大型水利水电工程施工导流是一项复杂的系统工程，涉及整个工程施工的各个方面，其内部各组成部分之间相互制约，关系错综复杂，难以用简单的文字、图表或数学模型来描述。但是，可以利用三维直观形象的特点，采用三维 GIS 来逼真地描述施工期内洪水如何导向、导流度汛对施工的影响，以及施工导流方案是否符合主体工程施工进度等工程设计及决策人员所关心的问题，其方案如图 3-2 所示。

二、GIS 在水利工程选线中的应用

水利工程多数较为庞大且复杂，做好水利工程的选线，是关系到水利工程能否顺利完工的一项关键性工作。由于水利工程多位于地形地质条件复杂的位置，因此，在选线时，需要综合考虑线路通过地区的自然地理、工程和水文地质、地区规划等各种因素。采用传统的选线方法，往往需要大量的野外实地勘探工作，进行综合性的多次反复对比，这不仅耗费巨大的人力、物力和财力，而且给施

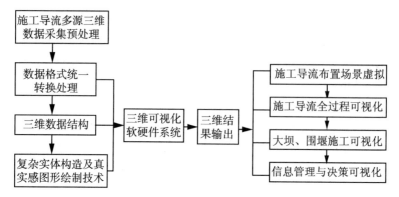

图 3-2　施工导流可视化方案

工进度也造成了影响。随着地理信息系统技术的快速发展、数字地球的高速建设，空间基础数据获取渠道的不断增多，信息时效性的不断加强，在工程选线中充分利用地理信息海量数据和强大的空间分析功能，不但可以节约人力、物力和财力，还能极大地提高工作效率，提高决策的科学水平，给施工组织设计与决策提供一个科学简便、形象直观的可视化分析手段，有助于推动水利水电设计工作的智能化、现代化发展。

1. 构建备选线路

1）源数据的收集和处理

收集：确定线路的起点和终点坐标，划定线路的分析范围，收集线路分析范围内的高程数据（即 DEM 数据）、宗地（以权属界线组成的封闭地块）数据及沿线的相关地理信息数据等。

处理：①对所收集的资料进行编辑，转换为 GIS 软件可识别的文件，并进行坐标投影转换，统一各要素的坐标系统。②对线路起点和终点的最短（即两点间直线距离）线要素进行直线距离分析（Straight Line）。③对 DEM 数据进行坡度分析（Slope）。若采用角度（Degree）表示坡度，其取值范围小；采用百分比（Percent）的方式表示坡度则可扩大其取值范围，因此进行坡度分析时建议选用百分比方式描述坡度，即 百分比坡度 $= \dfrac{高程差}{距离} \times 100\%$ 。

2）对 DEM、坡度、宗地利用、最短距离线要素直线距离分析结果等栅格数据进行重新分类

所谓重新分类，就是依据各栅格属性对输水线路的适宜程度重新设定统一的衡量标准，栅格的分类级别越低，则输水线路的成本越低。例如，对宗地，可依据各地块的不同利用情况及线路代价赋予不同的等级类别，输水线路成本高的地块，其分类级别也相应要高；对坡度，则依据坡度大小划分级别，陡的坡度需要高的费用，因此将给高的级别；对 DEM，依据各栅格的高程值进行分类，高程越低级别越低；对最短距离线要素直线距离分析结果，栅格数值越大，越偏离最短距离，所给级别也相应越高。

3）对重新分类后的栅格数据进行加权综合分析（或叠置分析）

不同的栅格图层对线路成本的影响力度不同，通过为每个图层设定相应的权重，进行加权综合分析，生成表示线路成本的栅格图层。例如，对坡度的权重越高，则线路的坡度越平缓；对高程数据（DEM）的权重越高，则整条线路的高程越低；对最短距离线要素直线距离分析结果的权重越高，则线路偏离最短距离越小。

4）生成特定权重组合下的最优路径

对加权综合分析结果进行成本累加分析（Cost Weighted），计算各栅格单元追溯到终点的最小累加成本和该栅格追溯到终点的最小累加成本路径的方向，通过最短路径查找方法（Shortest Path）生成该权重组合下的最优路径。

通过对各重新分类的栅格图层设定不同的权重组合进行栅格的加权分析，可以构建出多条备选线路。

2. 备选线路的编辑和分析

基于已有地理信息数据，对备选线路做穿越河道、公路、铁路、城镇、矿区等地理要素的信息统计；利用 GIS 软件的 3D 分析工具，基于 DEM 高程数据，对备选路径进行表面高程插值，生成带有 Z 坐标的路径要素，画出线路剖面图，并计算出线路的三维空间长度。

3. 最优路径方案的确定

在线路设计和勘测各专业人员的配合下，依据遥感图像和 GIS 软件的三维高程模型，通过对遥感图像体现的居民点、村镇、城市、道路、铁路、渠道等人文地理信息的解译，获取沿线的经济发展水平及市场信息，建立明确有效的绕开或穿过市区的线路；通过研究遥感图像体现的盆地、高原、山地、沼泽、平原、河流、湖泊等不同的地貌特征，对备选线路进行比较，找出最为合理的线路方案，从而全程宏观掌控复杂多变的地理环境，确定输水线路最终路径方案。

图 3-3、图 3-4 所示为不同权重组合下的备选路径及其在 ArcGIS 三维环境中的显示。

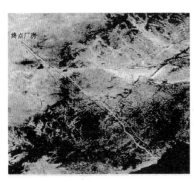 

图3-3 不同权重组合下的最优路径　　图3-4 不同路径在三维显示
　　　　　　　　　　　　　　　　　　　　　　　环境中的比较分析

利用 GIS 技术的空间建模和空间分析功能，为水利工程提供了备选线路的优选方法，并在三维视景环境中对所选线路进行比对、优化，为工程选线的规划勘测设计提供了一种便捷、高效、经济的新思路。

三、GIS 在水电站施工中的应用

水电工程作为一种大型的工程类型，投资额巨大、技术复杂、工期长，在其选址、设计、施工、运行的各个阶段，都要投入大量的人力进行研究计算，以确保工程的可行性、安全性与经济性。挡水大坝是水电工程的重要组成部分，在坝址确定之后，大坝的设计，包括坝线、坝型的选择以及厂房的布置等工作，涉及建筑物的类型很多，施工条件复杂，设计工作往往需要进行多方案的比选和论证。由于水电工程建设所具有的这些特点，使得用文字及二维图纸的方式来描述一个施工方案，特别是在多方案比选的时候，难以获得一个直观的概念。建立一个能准确、形象地表现全程动态施工情况的可视化系统，显得尤为必要。

在大坝施工计划研究中，应用 GIS 技术可以实现施工计划的三维动态模拟，这样不但可以很好地表现出建筑物的外形及其与工程环境的关系，还能将施工系统各部分及其在进度计划中的相互关系通过形象直观的图形表现出来，同时在三维模型的基础上还可以实现工程信息的三维可视化查询，为工程施工的设计和管理提供有力的支持。

1. 三维数字模型的建立

模型是人们对现实世界的一种抽象，数字模型是现实世界向数字世界转换的桥梁。从 GIS 的角度来讲，数字模型是一组空间实体及它们之间关系的一般性描述，是真实世界的一个抽象。

1）三维数字地物建模

水利水电工程中的建筑物表达，可以采用边界表示（B-rep）方法。B-rep 认为一个形体可通过其边界的描述来确定，且边界又被分割为有限个面组成的有界子集。这种方法主要是用半空间集合的交集所围成的有界封闭区域来构造实体，它能较好地描述建筑物对象的几何形体特征和拓扑关系。根据建筑物的平面布置及纵横断面形体参数，首先用 B-rep 方法表示出建筑物的三维实体外形，然后再采用光照渲染及图像纹理匹配来追求设计对象视觉上的真实感。

模型建立有很多方法，如实体 CAD 图形建模法、特征建模法、参数化建模法等，这些建模方法各具特点，在实际使用时，合理配合使用，可以减少建模的工作量。其中，参数化建模法是一种通过相关几何关系组合一系列用参数控制的特征部件而构造整个几何结构模型的技术，侧重于模型形态的完全参数化，用户与模型的交互只需要通过修改参数就可以实现。

　　水电工程主体建筑物，如大坝、厂房、导流渠等，具有较规则的外形，根据设计图纸可以获得建筑物的尺寸和空间位置，适合使用参数化的建模方法。具体实现是：首先获取建筑物有关外形数据（几何尺寸、空间位置等），建立数据库，并将数据按特定的顺序保存到数据库中；然后读取数据库中的空间外形数据，按照设定的绘制方法生成所定义的建筑物三维模型，并获取模型的形体数据，作为与模型相对应的属性信息，一并保存到数据库中，为以后的演示实现提供信息。

　　其他与施工场地布置相关的模型和场景可采用 CAD 图形建模方法，在 CAD 中建立起几何模型之后，导入到 GIS 平台中，既发挥了 CAD 软件的建模特长，又充分利用了 GIS 的模型管理功能。

　　2）三维数字地形建模

　　数字地形模型（Digital Terrain Model，DTM）作为三维数字建模的基础，是所有工程建筑物布置及施工过程的演示场景。数字地形模型包括多种类型，但由于水电工程项目大多选址在地形复杂的山区，主要采用的是 TIN 模型。TIN 是由分解的高程点按照一定的规则构成一系列不相交的三角形网，它能充分表现地形高程的变化细节，适用于地形起伏较大的地表。

　　在数据地形的建模过程中，首先要通过数字化或其他途径获得地形数据，然后把获得的数据导入到 GIS 软件中，生成 TIN 模型，再经渲染、光照及纹理映射等操作，形成施工场地的地表三维数字模型。

　　另外，通过对施工场地 TIN 数字模型的修改，可以实现施工场地的填挖。具体实现如下：首先，要生成开挖面的 TIN 模型，方法与建立施工场地 TIN 模型的方法一样，为了与实际情况吻合，需要注意形成的开挖面要足够大，能和受开挖地形形成闭合的开挖轮廓线；其次，通过对开挖面和受开挖地形做布尔操作，获得开挖操作的空间范围；再次，从受开挖面中减去它所覆盖的部分，从开挖面中减去没有覆盖到的部分，将两个结果合并，便可得到开挖后的地形。填方的操作过程类似。这样便实现了对地形的填挖。

2. 三维GIS中的动画技术

在模型建立起来以后，就可以实现三维动画演示。GIS中的三维动画技术主要分为以下几类：相机动画、实体对象动画和环境动画。对形体变化过程的演示主要采用实体对象动画技术。实体对象动画主要用来表现三维空间中实体对象的几何和属性特征随时间发生的改变，其原理主要是存储不同时期的三维场景作为动画中的每一帧，然后在它们之间进行交替变换来实现工程的动态演示。

演示的时候，首先确定一个时间步长，以开始时间为起点，按照时间顺序在空间数据库中获得该时间段内相应的图元，组成该时段的施工三维模型，并显示到屏幕上，读取的时间步长设置恰当，屏幕上图形不断更新，就可以实现动态演示的效果。

3. 工程动态施工演示的数据组织

将复杂的施工过程用动态三维图形表现出来，就要以施工进度计划为依据来模拟演示过程，那么，如何在施工计划信息与三维模型实体之间建立起联系，将关系到施工计划模拟的准确性。将施工计划中的项目的开始时间、结束时间、持续时间、施工量等数据存储到数据库中，并给每项施工项目定义唯一的标识。在生成三维空间模型的过程中，整体模型被分成多个部分模型，每个部分模型又被分为更小的分块。分块为演示的最小单位，数据库为每个构成模型的分块定义了唯一标识。

以下是施工信息表和空间模型信息表的内容：

施工计划数据表：{项目编号；项目名称；项目类型；开始时间；结束时间；工期；工程量；日均工程量}

空间模型属性信息数据表：{项目名称；图层名；模型名称；分块位置；分块工程量；分块编号；分块施工时间}

根据施工项目的施工时段、空间位置，从空间数据库中查找到相应的模型图元，按照施工过程及工程量信息为其赋予项目名称值和相应施工时间值，这样就在空间模型和属性数据间按照施工进度建立起了联系，完成了属性数据库与空间数据库的一一对应。数据处理的主要过程如图3-5所示。修改施工计划时，只需要在空间模型信息和施工计划数据间重新建立联系，而不需要修改空间模型。修改空间模型数据时，对施工计划数据也不会产生影响，减少了多方案比较时相同数据和模型处理的工作量，实现了数据的重复利用。

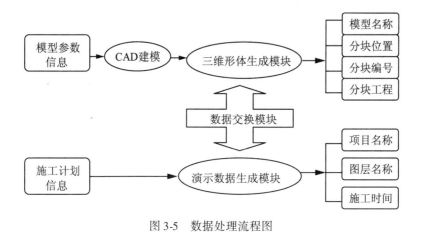

图 3-5　数据处理流程图

4. 工程实例

以我国西南某一大型水电站为例，对工程施工计划进行三维动态模拟。该电站是一座以发电为主，兼有防洪、灌溉、供水、水土保持等综合效益的大型水利工程。从总进度计划安排的角度配合多个施工方案的比选研究，以 GIS 为演示工具，将两个方案按照施工计划以三维动态的方法表示出来，使方案的比选有了可视化的依据，更加一目了然。在图 3-6 中，将不同时刻的工程面貌以三维的效果模拟出来，使得方案更加直观、逼真。

四、GIS 在水电施工总布置中的应用

水利水电工程施工是对自然的改造，它与自然特性密切相关，如水文、气象、地形、地质、地貌等。施工场地布置作为水利水电工程施工组织设计中的一项重要内容，也必然受到自然特性的影响，而且与自然的关系非常密切。因此，水利水电工程施工场地布

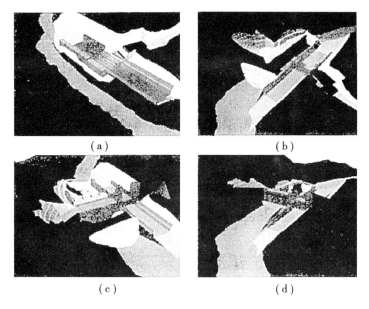

（a） （b）

（c） （d）

图 3-6 某大型水电站不同时刻工程模拟面貌图

置方案决策也受到了大量因素，如地形、地质、地貌、工程计划、工程造价、水文、气象、社会、经济等因素的影响。但是，由于水利工程施工总布置涉及大量信息，若将其视为一个大系统，可分为若干个子系统。各子系统之间关系错综复杂，同时，各子系统本身也是随时间推进而不断变化，这给大量动态信息的描述带来不少困难。对于涉及信息复杂而庞多的水利水电工程施工总布置而言，能够直观地描述其工程信息，将有利于管理人员对施工过程信息的把握，对工程管理人员的决策起到很好的辅助作用。

可视化技术拓宽了传统的二维图形文字显示功能，使设计、管理人员对数据的剖析更清楚，并可通过三维图形直观地揭示信息的分布状况、判别信息的分布差异、发现信息与信息之间的联系，从而更有效地把握工程施工进展情况。目前，用于图形处理的软件很多，且图形显示效果得到广泛认可，但在空间数据信息管理上还有很多不足，如空间数据结构不清晰、属性信息管理不够好等。GIS

技术特有的空间数据组织结构和空间信息管理功能恰好弥补了这一缺陷，因此，可以将 GIS 技术与可视化技术相结合应用到施工总布置中，建立施工总布置可视化系统，实现直观、高效的信息管理。

由于水利工程施工总布置的复杂性，为科学、系统地分析与研究，将其视为一个大系统，根据系统分解与协调模式，施工总布置可分解为施工导截流、大坝施工、渣场堆存回采、场内道路交通、地下建筑物施工五个子系统。基于 GIS 的施工总布置信息可视化方案如图 3-7 所示。

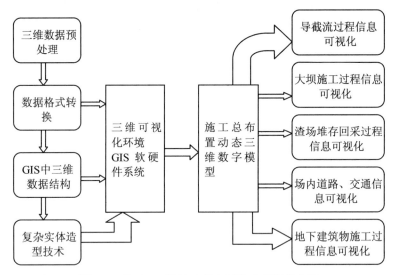

图 3-7　基于 GIS 的施工总布置信息可视化方案

施工场地布置系统信息的可视化查询与分析功能实现的必要条件是建立一个包含施工布置充分信息和表现其逼真形象的施工布置三维数字模型。这个模型具体反映了施工场地地表地形、施工布置建筑物实体布置、地形填挖等方面的静态与动态的三维面貌及相应信息。施工场地布置三维数字模型的建立充分利用了 GIS 的数字化功能。

1. 三维数字建模

1) 施工场地地表 DTM 建立

建立施工场地地表DTM，是整个施工布置三维数字建模的基础，所有工程水工枢纽与施工布置建筑物均布置其上，而且为后续的地形填挖创造条件。首先，将施工场地的地形等高线数据转化为GIS系统所能识别的外部源文件，并确保文件中每条等高线具有高程属性；其次，导入到GIS系统中，生成TIN模型；然后，经渲染、纹理及光照等操作，建立形象逼真的施工场地地表DTM。对于这样的一个DTM，GIS系统用一组对应的文件来储存。每个文件都储存了DTM的一部分属性，比如有存储三角网格平面X、Y坐标的文件、高程Z坐标的文件、三角网格节点信息的文件、纹理渲染文件及空间索引标识文件等。建立施工场地地表DTM不仅是整个施工总布置三维数字建模的基础，所有工程水工枢纽与施工总布置建筑均布置其上，而且还为地形填挖创造了条件。

由于施工场地开挖后建立的三维仿真场景显示的数据量大、占用计算机系统资源多，因此，采用预先处理等高线的加密方法，即首先将经过细化处理的具有高程属性的等高线数据导入到GIS软件中，然后利用GIS软件在三维图形显示功能上的强大优势，生成不规则三角形网格，再经过三维变换、光照纹理映射等操作，就可以建立工程区域的三维数字地面模型。

2）施工总布置实体参数化建模

参数化实体建模是一种通过相关几何关系，组合一系列用参数控制的特征部件而构造整个几何构模型的技术。整个建模过程被描述成一组特征部件的组装过程，而每个部件都由一些关键的参数来定义。此建模方式大大简化了实体建模过程。施工总布置系统中涉及的水工枢纽及临时挡泄水建筑物实体这些模型中有些是用最基本点、线、面绘制的，有些是通过构造较简单部件而生成的，还有些则是直接定义较为复杂的部件单元组合而成。比如，城门洞型导流洞、泄洪洞的直段与弯弧段构成了简单实用的模板部件，对于围堰的实体建模，则由用一系列参数控制的复杂部件单元组成。根据施工场地布置建筑物的特性，参数化实体建模可以分为规则实体参数化建模和不规则实体建模。

对于施工布置中的规则实体，可采取规则实体参数化建模方

93

式，此建模方式大大简化了实体的建模过程，能大量减少重复性的建模工作，提高工作效率，降低单独建模过程中出现错误的概率。按照施工布置建筑物实体对象的属性，分别用点、线、面、体等四类图形数据结构来描述。地形测量点用点表示，电线、吊线可表示为具有一定粗度的线，水面等可用面来表示，大坝、导流洞、围堰、闸室、泄洪洞等建筑物实体可表示为多个面围成的曲面体。

对于施工布置系统中难以用规则模型表达的复杂实体，可以用多个面围成的曲面表达其形体面，即不规则实体建模方式。需要特别注意的是碴场和道路的建模，道路可表示为路面及边坡与地面数字模型之间的内插，碴场可表示为碴场顶面及边坡与地面数字模型之间的内插。碴场和道路建模有两个过程，即先用多个面围成的曲面表达初始形体面，然后通过地形填挖处理后获得其最终形体面。

3）地形填挖

地形的填挖是在施工场地地表 DTM 模型上进行的。由于地表 DTM 是由多个不规则三角形组成的，且每个三角形都有其属性（包括面积、高程、坡度、坡向等），因此，可以较为容易地得到填挖面与地形的交线，进而确定填挖区域与表面积。然后，可进一步计算填挖表面与填挖边坡面构成的填挖体工程量。

在建立的数字化地形的基础上，可以利用下述两种方法来实现土石方开挖的数字化：

（1）传统土石方量计算方法。将开挖区域分成小网格，在网格内将断面近似作为梯形，并利用下式计算：

$$V = \sum V_i = \sum \frac{F_i + F_{i+1}}{2} L_{i+1} \tag{3-3}$$

式中，V 表示总填（挖）工程量，单位是 m^3；V_i 表示相邻断面间的土石方量，单位是 m^3；F_i、F_{i+1} 表示相邻断面的填（挖）断面积，单位是 m^2；L_{i+1} 表示相邻断面间距离，单位是 m。

结合已生成的数字地面模型，利用 GIS 软件划分网格和计算网格点高程值。具体的方法是：在三维显示的数字地面模型上，直观地根据地形的实际起伏程度划分网格大小间距，使同一网格内的地面基本处于同一高程值附近；利用 GIS 软件中的 Profile Graph 工具，沿网格边线作切割运算，并计算和绘制出切割面的形态图，从而获取各网格点的高程值；然后，结合计算公式（3-3）计算出工程的开挖方量。基于 GIS 技术的传统土石方量计算方法提高了工作的可视性和网格划分的灵活性，从而达到有效减少体积计算误差的目的。

（2）基于图元布尔操作的土石方开挖方法。将土石方开挖量的计算转化为求开挖前和开挖后两个三维地形实体之间的体积差值。由于体是由面、线、点等低维元素构成的；因此，体的差集求解可以通过由低维元素到高维元素的逐级求交分割得到。同时，考虑到土石方计算时所要求取的对象是由开挖面和原地形面包合成的体（包括体积量和几何形体参数的求取）；因此，图元（开挖体）的布尔操作实际上可以转为求面（开挖面）和面（数字地形面）的交集的问题。在 GIS 软件中，可以利用低维元素点（Pointz）、线（Polylinez）构成开挖形态面（Polygonz）；再将开挖形态面与前面形成的数字地形（DTM）面作 Cutfill 操作，即可实现求解两个面的交集（包括计算出交集的投影面积、体积以及体形参数）；再依据开挖体几何形体参数，获得地形开挖后形态和开挖体三维实体模型。

2. 可视化信息查询与分析

水利水电工程施工布置是一个复杂的系统，内部涉及施工场地地形地质、水工枢纽的布置、永久及临时工程动态施工等大量的信息，如何对这些信息进行有效的管理，是实现工程设计与决策人员对整个施工布置规划直观理解、提高施工组织设计与决策效率的关键。基于 GIS 技术的施工布置信息可视化组织与管理为这一问题的解决提供了有效方案。施工布置信息的可视化方案的实质就是将水利工程施工布置数据经过数字化转化为 GIS 软件可以识别和处理的信息，从而用于可视化的表达。图 3-8 说明了施工布置数据由原始采集，经 GIS 软件内部转化和衍生，最后反映具有一定物理意义的可视化信息，并为决策及管理服务的过程。

利用 GIS 技术建立施工场地布置系统属性数据与其空间数据的一一对应关系，从而实现信息的可视化查询与分析。可视化信息

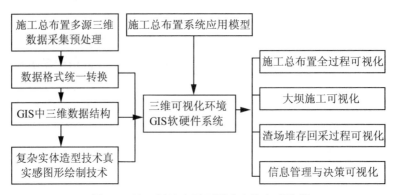

图 3-8   施工场地布置可视化查询实现流程

查询包括双向查询、条件查询与热连接等功能。可视化的信息分析包括填筑工程量计算，工程施工数据库中动态数据（填筑方量、浇筑力量等）的统计分析，并用直观的图表显示出来；信息查询包括了某时刻施工总布置动态数据及施工总布置面貌、建筑物面貌、碴场剖面线及出入碴料等查询。双向查询就是根据相应图层中的图素来查找与其相对应的属性，或由属性表中的某一属性来查询其对应图层中的图素。双向查询的实现方法如下：打开并激活要查询的对应图层，用鼠标选取该图层上任意一点，则可弹出与之对应的信息。其原理是：由于系统中属性数据与空间数据的一一对应关系，使得当鼠标激活图层上的某一地物时，同时也激活了对应图层属性数据库中的该地物的记录，从而将该记录有关字段的内容显示在查询结果对话框中；相反，选取属性数据库中的某一条记录，即可查询到图层中对应的地物，并将查询到的地物高亮显示出来。条件查询是指将特定的逻辑表达式作为查询条件，可查询到图中符合该逻辑条件的地物分布。对于按时间施工总布置动态数据及施工总布置面貌的查询，使用条件查询尤为方便。

热连接就是把地图中的某一地物和另外的图形、文本文件、数据库、图层或应用模型等对象连接起来。当启动热连接时，用鼠标点中该地物，能立刻显示出与该地物相连接的对象。比如，可以通过热连接实现对施工总布置中各建筑物的CAD设计详图的查询。各个建筑物在相应图层上是以比较粗略的图形表示的，要想了解建筑物的结构设计详图或细部图，就可以用该建筑物对应属性数据库中某个字段的数据（字符型）为公共项数据建立热连接，即将要表示的结构设计图转换成视图文件，并赋以与公共数据相同的名称，存放在系统文件中，由此建立热键连接关系。查询时，激活该图层和菜单界面中的热连接按钮，以鼠标选取要查询的建筑物，则弹出一个窗口，窗口中显示了与其相连接的该建筑物的设计详图。

3. 施工过程的三维动态演示

系统部件的数据信息与其他相关信息，通过映射关系形成基础数据库，成为系统的底层支持，实现了各系统部件表层的独立性和深层的耦合性。根据不同工程的施工期长短，选择适当的基本时间步长，再辅以典型时刻面貌，可以使施工生产管理者对工程进展情况有一个全面直观的了解。

施工场地布置可视化三维动态仿真的基本思路为：首先，选取施工总布置系统初始状态作为系统仿真的起始状态，并以此时为仿真时钟的零点，从该起点开始，每推进一个时间步长，就对系统内部所有组成单元（活动）的状态进行分析，再对所有状态发生改变的单元（活动）进行状态更新，从而相应地改变整个系统的当前状态，并三维显示当前的系统状态面貌及有关信息；然后，判断仿真是否结束，若否，则把仿真时钟时间推进单位时间步长，接着再重复上述工作，直至结束，详见图3-9。

4. 施工场地布置决策支持系统实例

以溪洛渡水电站的施工场地布置为例，讲述GIS技术在水利工程施工场地总布置中的应用。溪洛渡水电站位于金沙江下游四川省雷波县和云南省永善县境内，坝址距离宜宾市河道里程184km，是金沙江下游河段开发规划的第三个梯级电站。该工程以发电为主，兼有防洪、拦沙和改善下游航运条件等综合效益，并可为下游电站进行梯级补偿，是金沙江"西电东送"距离最近的骨干电源之一，也是金沙江上最大的一座水电站。溪洛渡水电站枢纽由拦河大坝、

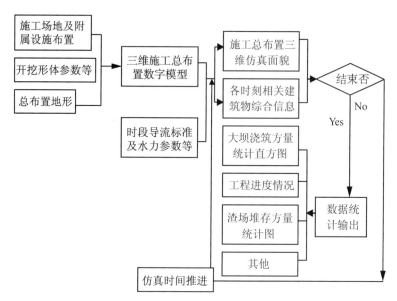

图 3-9 施工场地布置可视化三维动态仿真流程图

泄洪建筑物、引水发电建筑物及导流建筑物组成。主要的场内交通洞线路包括左右岸低线公路、左右岸进场交通洞及上延线、左右岸上坝公路、左右岸厂房进水口、坝肩出渣公路、开关站及缆机平台公路等。施工工厂包括砂石加工厂、混凝土系统、制冷系统。根据施工布置条件及考虑分标因素,按 6 个分区进行施工场地布置安排。

　　基于 GIS 技术、可视化技术的水利水电工程施工场地布置决策支持系统,为工程施工场地布置方案的决策提供了有力、精确、形象和直观的决策支持工具,通过该决策支持系统,可以在三维施工场地布置图上方便地查询所布置设施的有关信息,如占地面积、容量、施工设施技术参数等,仅需用鼠标点击所查询的施工设施,就可看到相关信息。同时,可以通过施工场地布置动态演示系统直观地看到施工场地布置随施工进度计划的动态变化情况,如发现有不合理的问题,可以及时地进行修正。

五、GIS 在水利工程对生态环境影响评价中的应用

水利工程是国民经济的基础产业和基础设施,具有发电、防洪、供水、航运、水产养殖等多种综合效益。与其他工程相比,水利工程影响地域范围广,对所在区域的社会、经济、生态环境影响巨大,而其所在区域的生态环境系统对工程也同样产生巨大的影响。目前,水利工程对生态环境造成的影响越来越受到关注,水利工程的开发建设也从生态、环境和社会经济等多个视角重新审视。水利工程涉及范围大、环境影响复杂,受影响的区域是一个包括自然、生态、经济和社会多方面的复杂大系统,而这个大系统具有非线性、动态性和随机性等特点,传统的环境影响评价方法难以满足要求。

地理信息系统能将自然过程和人类社会活动的各种信息与空间位置、空间分布及其空间关系通过数字化有机地结合在一起。因此,可以将遥感、地理信息系统和数据库技术相结合,对生态环境质量进行综合、动态、实时监测,获取丰富全面的信息,对区域和时间序列的生态环境问题进行研究。利用 GIS 可以高效管理各种生态环境要素和指标的空间信息和属性信息,包括数据查询、调用和更新,可以对各种数据进行统计分析、空间分析和多要素综合分析,例如,通过叠加分析,可以提取区域内环境污染分布图;对污染源进行拓扑分析,可显示污染源影响范围,反映出区域受污染的程度以及空间分布情况;将行政单元与地理栅格单元结合,利用各种评价模型实现对区域生态环境状况的多要素综合分析和整体评价,并将评价结果以丰富而规范的图标形式制图输出。另外,GIS 还具有强大的空间数据输入、存储、管理、分析能力,从而可以更系统地了解生态环境质量的区域分异规律,便于指导资源的合理利用和制定生态环境保护规划。因此,在 GIS 技术的支持下,选用适宜的评价指标体系与评价方法,结合自然环境、社会、经济状况等因素对水利工程沿线区域的生态环境质量进行定量评价,分析工程沿线区域生态环境质量状况及其时空变化,从而更深刻地认识沿线区域生态环境问题的形成与演变,可以更有效地解决生态环境问

题，维护工程沿线区域生态环境质量，确保水利工程的安全运行。

下面以南水北调工程东线江苏段为例，讲述 GIS 技术在生态环境影响评价中的应用。

1. 生态环境质量评价体系的建立

评价指标体系的建立，包括了评价指标的选择和指标权重的确定。指标是评价的基本尺度和衡量标准，指标权重则表示其对评价区域生态环境质量的贡献度。正确选择参评指标及确定指标权重是生态环境质量评价的重要工作，直接关系着评价结果的可靠性和准确性。

1）指标体系的选取原则

水利工程沿线区域生态环境系统影响范围广、影响因素多、内部关系极为复杂，但构建指标体系时，不可能将所有的影响因子都包含在内，其选择必须遵循相关原则，以保证选取既能够量度和反映生态环境质量的主要特征和发展趋势，又便于收集和量化的因子参与评价。选取指标应遵循以下原则：

（1）系统整体性原则。指标必须尽可能真实地反映研究区域的所有基本特征，而各指标之间既要相互独立，又要相互联系，以构成一个层次分明的有机整体。

（2）针对性原则。选取时，必须针对水利工程沿线区域生态环境系统的特点，以保证选取的指标能有效地为评价体系服务。

（3）前瞻性原则。评价应该从水利工程沿线区域生态环境质量现状及其变化状况入手，全面考虑其生态环境系统的动态发展规律，以便于预测未来发展态势。

（4）动态性和稳定性原则。指标选取应注重各指标因子之间的动态变化影响，同时保持各指标因子在一定时期内的稳定性，静态与动态统一，便于评价。

（5）可行性原则。指标应可用于定量的比较与评价。数据易于获取、分析和计算，并在较长时期和较大范围内都适用。

2）评价指标体系

水利工程沿线区域评价指标体系的构成，依据各个指标，既可以分析、比较、判别和评价水利工程沿线区域生态环境质量的状态，又可以反映其生态环境质量的未来演化。以可持续发展理论和"自然—经济—社会"复合生态系统理论为依据，通过对调水工程沿线区域的自然、社会、经济等诸多方面因素的综合分析和比较，参考《水利水电工程环境影响评价规范》（SDJ302—88），按照上述选取原则建立了南水北调水东线江苏段生态环境质量评价指标体系。该指标体系一共包括三个层次：

第一层为目标层：为调水工程沿线区域生态环境质量评价（A），以表征调水工程沿线区域生态环境质量状况及动态变化。

第二层为准则层：包括自然生态环境子系统（B_1）、生态破坏和环境污染子系统（B_2）、社会经济子系统（B_3），其中，自然生态环境表征调水沿线区域生态系统的基本自然生态环境环境条件；生态破坏和环境污染指标表征对调水沿线区域生态环境质量影响最明显、最具有破坏性的人为因素；社会经济指标则表征调水沿线区域中经济发展程度和人民的生活质量水平。这三个子系统共同决定着调水工程沿线区域生态环境质量的优劣。

第三层为指标层：是生态环境质量评价中最基本的层面，是将准则层进一步分解为可表征的具体指标，以便度量，指标层共计7个指标，其中植被覆盖度、水土流失量和农业面源污染负荷3个指标通过相关模型求算，其余指标均直接取用测定值或统计值。

3）评价指标权重的确定

生态环境质量状况是多种因素综合影响的结果，生态环境系统中各影响因子对生态环境质量的贡献不同，参评指标的权重值也不同，且权重值的变动可能引起被评价对象优劣顺序的改变，从而对评价结果的合理性产生直接的影响。通常采用层次分析法（AHP）来确定各评价指标的权重。

2. 生态环境质量评价相关指标模型的建立

绿色植被是生态环境的最敏感和最主要的环境因子，它的变化直接或间接地影响其他环境因子的变化。传统提取植被信息的方法是样本估算法，该法通过测算所抽取样本区域的植被覆盖度来推算整个区域的植被覆盖度。但是，植被覆盖度存在明显的时空差异，这种方法既耗时耗力，又容易产生较大的误差，不利于大范围、多时相植被信息的提取。水土流失受气候、土壤、植被及人类活动的共同影响，它破坏土壤资源，降低地表的保水保土能力和土地生产力，淤积水库，毁坏水利工程，造成水利工程通航、防洪、灌溉等功能降低，甚至导致其发生地区生态环境的恶化。传统水土流失量估算的方法耗时多、周期长，而且很难对海量的空间信息进行分析和管理，给水土保持工作带来诸多不便。同时，农业面源是极易构成水体环境隐患的污染源，对调水工程沿线区域的农业面源污染定量研究，对保护调水工程沿线区域生态环境、保证工程供水，具有十分重要的意义。此外，遥感、地理信息系统技术的发展，为植被覆盖度、水土流失的研究提供了一个新的发展方向，尤其是为大范围地区的监测和对时空动态变化研究提供了可能。在遥感和地理信息系统支持下，对所构建的调水工程沿线区域生态环境质量评价指标体系中的植被覆盖度、水土流失量和农业面源污染负荷 3 个参评指标因子建立模型进行求算，并分析其时空变化特征。

1）植被覆盖度

归一化植被指数 NDVI（NormalIzed Difference Vegetation Index）与绿色植被有着密切的联系，它是植物生长状态以及植被空间分布密度的最佳指示因子，与植被分布密度呈线性相关。使用遥感软件 ERDAS 对 TM 影像进行 NDVI 计算，得到研究区不同时相的 NDVI 灰度图，计算 NDVI，算式如下：

$$\text{NDVI} = \frac{\rho_{\text{nir}} - \rho_{\text{red}}}{\rho_{\text{nir}} + \rho_{\text{red}}} \tag{3-4}$$

式中，ρ_{nir}、ρ_{red} 分别为近红外波段和红外波段灰度值。

采用下式计算植被覆盖度：

$$\text{PV} = \frac{\text{NDVI} - \text{NDVI}_{\text{min}}}{\text{NDVI}_{\text{max}} - \text{NDVI}_{\text{min}}} \times 100\% \tag{3-5}$$

式中，PV 为植被覆盖度（%）；NDVI_{min}、NDVI_{max} 分别为最小、最大归一化植被指数。

参考水利部土壤侵蚀强度分级标准，将植被覆盖度划分为低植被覆盖度、中植被覆盖度、中高植被覆盖度和高植被覆盖度 4 种植被覆盖类型。

2）水土流失量

将 RS 和 GIS 技术与修正通用土壤流失方程相结合，利用 RS 和 GIS 技术强大的空间信息获取能力和综合分析能力，对方程各因子进行快速、准确的提取与叠加运算，对调水工程沿线区域水上流失状况进行计算。采用 ArcGIS 软件，利用调水工程沿线区域的数字高程模型（DEM）、土地利用现状图、土壤类型图、植被指数图等矢量图层，进行相应操作，生成 RUSLE 方程的各因子图，再通过将各因子图叠加相乘，得到调水工程沿线区域的土壤侵蚀强度等级图，具体流程见图 3-10。

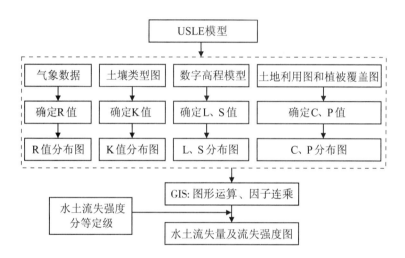

图 3-10　基于 GIS 的土壤侵蚀定量计算流程图

3）农业面源污染负荷

农业非点源污染主要由以下几个过程组成：降雨径流形成过程、土壤侵蚀和泥沙输移过程、污染物迁移转化过程，这三个过程相互联系、相互作用。其中，降雨径流过程是造成农业面源污染物输出的源动力，土壤侵蚀则是非点源污染发生的主要形式，也是污染物的迁移载体。利用 GIS 的空间分析、数据处理以及图形显示功能，从降雨径流和土壤侵蚀两个方面，结合溶解态和颗粒态污染物输出模型，研究调水工程沿线农业面源污染负荷的空间分布特点，为调水工程沿线区域农业面源污染的有效控制和水资源保护提供参考依据。

4）分析结果

基于 GIS 和 RS 技术，利用植被覆盖度模型、水土流失模型、农业面源污染负荷模型，分析在典型年份调水工程沿线区域的植被覆盖、水土流失及农业面源污染负荷时空变化状况，结果如下：

（1）调水工程沿线区域的植被覆盖度在 2000 年与 2005 年间呈下降趋势，植被覆盖状况不容乐观。

（2）调水工程沿线区域的水土流失程度等级区域面积随水土流失程度的增强而减小，整个研究区域水土流失程度 2000 年高于 2005 年，水土流失状况有所缓解，局部地区恶化。

（3）经两年数据比较，溶解态氮负荷和颗粒态氮负荷均有增加趋势。因全区 90% 以上属微度侵蚀，水土流失不严重，所以颗粒态氮污染负荷较低的面积占很大比例。从行政区域划分来看，某些县市因其在调水工程途经区域的特殊地理位置，对输水干线的水质会产生一定影响，需引起重视。

3. 生态环境质量评价

在地理信息系统支持下，以可持续发展、环境地域分异和"自然—经济—社会"复合生态系统等理论为依据，利用建立的调水工程沿线区域生态环境质量评价指标体系，运用层次分析法确定各参评指标权重，采用基于灰色关联的综合指数法，实现对调水工程沿线区域生态环境质量的定量化评价。利用 ArcGIS 分类和图示功能，制作出南水北调东线工程典型年份的生态环境质量综合指数专题图，如图 3-11 所示。

利用 GIS 对数据强大的空间数据输入、存储、管理和分析能力，以生动形象的方式呈现生态环境系统单因子及整个生态环境系统的发展变化状态，运用综合评价的方法，对南水北调东线江苏段的生态环境质量进行评价，这对保障调水工程的安全运行、维护调水沿线区域生态环境质量、促进该区域的可持续发展具有重要

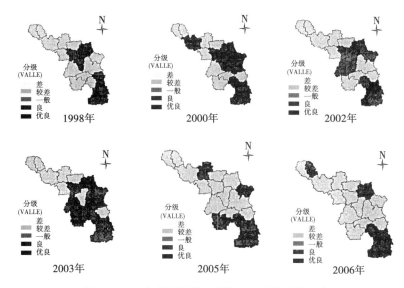

图 3-11 南水北调东线江苏段生态环境质量变化

意义。

六、GIS 在水电现场施工和管理中的应用

水利水电建设的工程项目多、工程量大、工程结构复杂、施工质量要求高，而且施工经常是在河流上进行，受地形、地质、水文、气象等自然条件的影响很大，因而，水利水电建设的施工现场组织和施工现场管理就比其他基本建设项目重要。在工程项目中，人们往往非常重视工程本身的布置，而忽视对施工现场的布置，然而很多时候，由于施工现场布置混乱和不合理而造成不必要的损失，进而影响到整个工程的进展。随着计算机网络技术的不断提高和 GIS 技术的不断发展，将 GIS 技术应用于水电的施工管理辅助系统中，对施工现场进行可视化管理，可以大大提高水电施工管理的现代化水平，为实现计算机管理提供更好的手段。

1. 数据库建立

数据库的建立采用以关系数据库（如 MS SQL Server、Oracle

等）为主组织属性数据，以 GIS 软件（如 MapInfo、ArcGIS、SuperMap 等）组织空间数据的混合结构模型，如图 3-12 所示。

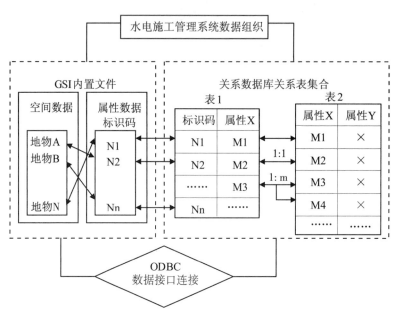

图 3-12　空间数据与属性数据的连接

空间数据主要以图元形式分层存放在 GIS 软件中。属性数据分两种形式存放，一部分存放在 GIS 软件的图层文件中，包括一个或两个关键字段和在施工过程中不经常变动或者是不允许变动的属性数据；大量的工程属性数据存放在关系数据库中进行管理。这样，属性数据和空间数据的连接方式也包括了两种：一种是通过 GIS 软件的索引机制连接，另一种是通过 ODBC 数据接口连接，属性数据标识码的唯一性保证了连接空间地物的唯一性，使两者一一对应。

2. 查询

查询包括多种查询方式，如属性信息查询、地图地物查询等。通过查询已有道路、供水点线、供电点线的分布及属性数据，可以辅助用户布置施工现场的供水、供电和道路系统；通过查询料场、仓库的属性，可以进行物资的调配；通过查询测量控制点的信息，可以方便技术人员进行施工测量。

3. 统计分析

在水电工程中，常常需要进行分析和统计计算，尤其常用到对坐标、长度的计算。通过分析和计算功能，可以对对象的长度或面积进行计算，还可以对数字进行分析，计算其最大值、最小值，这对于处理大量数据是非常有用的。用户通过双击需要分析的对象，可快速、准确地计算出水电工程主体建筑物，如大坝、厂房、导流渠等不同地点之间的距离、场地及建筑物面积。

4. 进度、投资管理

将计划、预算和实际成本转变为表格数据，录入数据库，可以对工程的进度和投资进行分析，还可以获得投资控制曲线或累计实际进度和计划进度的对比曲线，从而可以判断工程是否能按原进度计划完成。投资的分析与进度有很大的关系，投资已经达到计划，而进度没有达到计划，显然投资的控制是不合理的，这在进度、投资控制曲线上能清楚地反映出来，为科学决策提供依据。

5. 维护更新

维护更新的功能主要是图形的修改更新，用户可以根据实际情况对图形上的图元进行增加、删除、修改及保存等，并及时补充和修改属性数据。尤其对于道路系统，在水电工程中经常遇见改道，这样就可以随时进行更新。维护更新可以修改对象及其样式，也可对其数据进行更新。另外，用户还可以根据需要进行数据备份，以便在必要时能够恢复过去某一时刻的部分或全部数据，同时实现历史查询和数据对比等操作。

第四节　3S 集成在水利工程设计与施工中的应用

一、3S 集成在现场监测方面的应用

传统的现场信息采集设备主要由 GPS 定位仪、数码相机、数码摄像机等组成，传输主要由笔记本电脑通过有线电话拨号上网或者无线上网等方式来实现。现场采集设备复杂，现场工作人员进行

信息采集时，需要掌握所有设备的操作方式，加大了工作人员的工作量。定点监测方式存在不能随时移动的弊病，直接影响着水利工程的监测范围，导致监测数据信息不完整，不能全面反映水利工程的施工与运行状况。

1. 卫星定位视讯通现场采集系统

卫星定位视讯通现场采集系统采用 GPS、GPRS（即无线传输技术）、DC（即数码摄像技术）、MCU（即单片机技术）、EOS（即嵌入式操作系统技术）以及 GIS 技术，利用无线通信和计算机互联网，将各种分布式的精确定位信息，如项目实地图片、项目位置、水工建筑物的日常监测和维护信息、取水工程信息、水土流失信息等自动导入指挥中心或办公室的服务器，并在服务器的地理信息系统中清晰显示出来，高速智能地完成对实时现场信息采集—传输—存储—显示的全过程。

2. 现场采集系统功能

（1）现场图片信息采集：采用智能手机或卫星定位视讯通等移动终端设备，在移动 GPS 的设备支持下，采集具有位置信息的现场图片，可以存储到移动设备或通过无线网络传输到服务器端。

（2）现场监测的属性信息采集：采用智能手机或卫星定位视讯通等移动终端设备，在移动 GPS 的设备支持下，采集具有位置信息的现场属性信息，可以存储到移动设备或通过无线网络传输到服务器端。

（3）现场音/视频信息采集：采用智能手机或卫星定位视讯通等移动终端设备，在移动 GPS 的设备支持下，采集具有位置信息的现场音/视频信息，可以存储到移动设备或通过无线网络传输到服务器端。

（4）无线信息传输：采用 GPRS/3G/卫星通道等无线网络传输技术，把现场采集到的图片、属性数据、音/视频信息等传输到服务器端。

（5）数据集成分析管理：包括数据集成管理和数据分析两部分，通过文件、数据库形式存储管理现场采集数据，通过 GIS 和RS 专业的软件进行数据显示和分析，实现室内外的数据集成分析。

3.3S集成在水利施工中的应用

（1）获取施工现场实时信息：可以获取水利施工现场的实时信息，能够完成对水利工程现场运行状况的监测，并实时发送到监测中心。

（1）宏观监督管理：项目管理单位可记录拟建、在建或完工项目的信息，包括项目实地图片、项目位置等资料，为日后水利项目的审批提供依据，避免重复投入。

（2）水管部门日常运行管理：应用于水库、堤坝、闸、泵等水利工程的日常监测、维护工作，可定期将实时工情信息传回管理中心，并保存到管理中心数据库中，为水利工程的管理和维护工作提供实时和历史资料。

二、3S技术在水利施工机械远程智能监控中的应用

"十二五"期间，我国用于中小型水利工程建设全面展开，水利工程施工机械在施工过程中的作用越来越大。然而，由于我国对施工机械缺少有效的监控手段，导致施工机械得不到及时维护与保养，影响了施工机械效率的正常发挥，缩短了施工机械的使用寿命，甚至会酿成机毁人亡的惨祸。随着现代科技的飞速发展，将3S技术引入到水利施工机械远程智能监控中，可以极大地提高水利施工机械监控系统水平和施工机械效率。

3S技术在水利施工机械远程智能监控的应用主要是利用3S技术、GSM/GPRS移动通信技术和计算机网络通信与数据处理等技术，开发专业的施工机械远程监控系统，实现对所有在集群网络覆盖范围内的目标施工机械，可以进行远程定位、监测、调度、管理和服务。总体来说，水利施工机械远程智能监控系统应满足如下目标：

（1）通过该系统，能够对所有在网络覆盖范围内的目标机械进行远程定位、动态跟踪、监测、调度。

（2）通过该系统，可以对每台机械终端的下发命令，实现机械的远程控制和机械控制器程序的动态更新。

（3）通过该系统，可以掌握机械动态运行参数，根据历史数

据，做到故障检测与诊断。

（4）系统能够实现与其他系统的网络链接和资料共享。

水利工程施工机械远程监控系统是基于 GPS 的实时快速定位、GIS 的空间查询和分析、RS 的快速提取地表信息、GPRS 的无线通信、数据库海量存储以及计算机网络等相关技术集成构建的，由信息终端、数据交换中心和监控管理中心 3 个部分组成。

1. 信息终端

施工机械信息终端按照功能模块可以分为：微控制器模块、定位模块、无线通信模块、数据采集模块、控制输出模块、CAN 总线接口模块和显示模块。

（1）微控制器模块。微控制器模块的主要功能是对数据进行处理和对控制节点进行控制。具体功能是：对定位模块的 GPS 数据进行解析，从而获得经度、纬度、时间和速度等信息；通过数据采集模块，可以获得数据采集点的数值；通过 CAN 总线接口，可以获得 CAN 总线上的施工机械工作信息；控制无线通信模块和监控中心主要是进行数据和语音的通信；通过控制输出模块，对控制节点进行控制；控制显示模块可以提供人机接口。

（2）定位模块。定位模块的功能是接收 GPS 卫星发送的导航电文，并且对导航电文进行解算，获得 GPS 接收机所在的经纬度、时间和速度等信息，并且把以上信息按照固定的格式通过串口传输给微控制器。

（3）无线通信模块。无线通信模块主要负责和监控中心进行数据和语音通信，该模块是监控终端的核心模块。

（4）数据采集模块。数据采集模块包括数字量采集子模块和模拟量采集子模块。控制器通过数字量采集子模块获得施工机械数字量采集点的状态；控制器通过模拟量采集模块获得施工机械的模拟量采集点的模拟量数值。

（5）控制输出模块。微控制器产生的控制信号通过控制输出模块予以执行，该部分通过光耦合将 CPU 的控制信号传递到施工机械的控制节点。

（6）CAN 总线接口模块。通过该模块，可以获得施工机械工作的相关参数。

2. 数据交换中心

数据交换中心与施工机械终端、监控管理中心呈星形连接状态。在数据传输方面，数据交换中心是数据传输的"枢纽"。数据交换中心的运行速度、精度和安全性直接决定了整个系统的运行效率和流畅性。在数据识别方面，数据交换中心起到了"翻译"的作用，将施工机械终端上收到的二进制代码数据根据数据传输协议，翻译为监控管理中心可以识别的信息；反之，监控管理中心需要通过数据交换中心，将对施工机械控制指令转换成二进制数据后再发往车载终端。

3. 监控管理中心

1）地图服务子系统

（1）地图放大、缩小。可以对地图进行放大与缩小的操作，以便详细了解目标所在的位置或者目标所处的全局位置。

（2）地图平移。可以快速移动地图，找到目标位置。

（3）地图量距。可以量测地图上任意两点间的距离。

（4）位置查询。可以获得某个区域车辆的基本信息，如经度、纬度、速度、方向、施工机械状态、GPS 定位时间、数据上传时间、相对方位等。

（5）全图显示。对地图进行全图显示。

2）施工机械监控子系统

（1）施工机械实时数据显示。实时显示施工机械的数据信息，如机械状况信息、数字量信息、锁车信息、实时仪表信息等。

（2）历史数据回放。通过输入一些条件，可以查询历史的施工机械数据。

3）数据管理子系统

（1）施工机械资料管理。对监控机械的详细资料进行管理，如机械型号、机械编号、SIM 卡号、机架号等，可以对其进行数据的添加、删除、修改、浏览、查找、统计等操作。

（2）日志查询。对系统运行过程中操作人员的操作进行记录和管理。

（3）权限分配。对不同的系统操作人员分配不同的权限。

4）客户端通信子系统

监控管理中心主要是通过 TCP/IP 协议和服务器中间件进行通信连接，保证数据传输的可靠性，实现对施工机械定位终端的监控。

水利工程施工具有工种多、工序多、施工机械多等特点，将 3S 技术应用到水利工程施工机械远程监控中，不但保证了施工过程中人、机、地三不闲，而且能充分发挥施工机械的效率，减少因施工机械的不安全状态而发生的安全事故，从而有利于水利工程的建设。

第四章　3S 技术在水利工程
管理中的应用

第一节　3S 技术在水利工程管理中的应用

随着计算机技术的发展，以信息技术为核心的新技术革命突飞猛进，为实现水利工程管理信息化提供了理论和技术支持，同时也带动了水利相关工作的管理走向信息化和现代化。卫星遥感技术实时提供了有关水利工程资源的海量数据，地理信息系统技术与通用数据库技术的结合，大大增强了对水利资源数据的处理与管理能力。现代网络技术飞速发展及基于网络的 GIS 开发，使全球范围内水利资源信息的传输、访问和分发成为可能；数据仓库和数据挖掘技术的兴起，使用户能够快速有效地从海量数据中获取决策所需的关键信息和知识；以工作流和知识管理为特征的新一代办公自动化技术应用，大大提高了水利管理工作的效率；虚拟现实与 GIS 技术的融合，可形象地显示"数字水利"。因此，如何利用先进的信息技术手段来解决水利工程的众多业务、管理问题，从而满足水利自身发展的需要，是水利管理部门的当务之急。

一、水利工程管理中的基本概念和特点

1. 水利工程概念、种类和特点

水利是指人类社会为了生存和发展需要，采取各种措施，对自然界的水和水域进行控制和调配，以防治水旱灾害，开发、利用和保护水资源，用于控制和调配自然界的地表水和地下水，以达到兴利除害的目的而修建的工程，称为水利工程。

水利工程按服务对象可分为：

（1）减免洪水灾害、提高土地利用效率的防洪工程。

（2）防止旱、涝、渍灾，为农业生产服务的农田水利工程，或称灌溉和排水工程。

（3）为工业和生活用水服务，并处理和排除污水和雨水的调水、城镇供水和排水工程。

（4）防止水土流失和水质污染、维护生态平衡的水土保持工程和环境水利工程。

（5）围海造田，满足工农业生产或交通运输需要的海涂围垦工程。

（6）同时为防洪、供水、灌溉、发电、航运等多种目标服务的综合利用水利工程。

水利工程是防洪、除涝、灌溉、发电、供水、围垦、水土保持、移民、水资源保护等工程（包括新建、扩建、改建、加固、修复）及其配套和附属工程的统称，主要用于控制和调配自然界的地表水和地下水，达到除害兴利目的而修建的工程。水利工程建设是以项目形式进行的，因此必须对水利工程项目有一个全面的认识。水利工程项目属于工程建设项目，其产品要是具备一定功能目标、一定面积、一定结构的水利资源环境系统，并通过该系统实现以水利效益为主的功能服务。水利工程项目除具备项目的一般特点外，还具有其自身的特点：

1）强大的系统性和综合性

单项水利工程是同一流域、同一地区内各项水利工程的有机组成部分，这些工程既相辅相成，又相互制约；单项水利工程自身往往是综合性的，各服务目标之间既紧密联系，又相互矛盾。水利工程和国民经济的其他部门也是紧密相关的，规划设计水利工程必须从全局出发，系统、综合地进行分析研究，才能得到最为经济合理的优化方案。

2）公众参与性强、影响范围广、影响力深远

水利工程项目属于社会公益性项目范畴。项目经营需要各级地方政府多个职能部门不同程度地参与和支持。众多参与者在项目中

发挥不同的作用，承担不同的职责和义务。因此，水利工程项目在组织管理上要比一个独立的个体经营项目复杂得多。

3）综合效益高、外部经济性明显

所谓外部经济性，是指在实际的经济活动中，生产者或消费者的活动对其他生产者或消费者带来的非市场的影响，其中，有益的影响称为外部经济性。由于水利工程项目的主要目标是保证民生、提供生态功能与服务，具有明显的外部经济性和排他性。项目成果属于公共物品，其功能主要表现在作为公益效能的外部价值上，而不是表现在作为实体的经济价值上，并且这两类价值基本上是相互排斥的，即有经济价值时就失去了生态价值。

4）项目目标的多元性

每个水利工程项目都有确定、明确的目标。这里所说的项目目标，不仅指时间目标，也包括成果性目标、约束性目标以及其他需要满足的条件。这些目标在现实中往往是互相矛盾、互相制约的。另外，项目目标也允许修改，一旦项目目标发生实质性的变动，它就不再是原来的项目了，而将产生一个新的项目。

5）项目周期的长期性和复杂性

水利工程一般规模大、技术复杂、工期较长、投资多，兴建时，必须按照基本建设程序和有关标准进行。水利工程中各种水工建筑物都是在难以确切掌握气象、水文、地质等自然条件下进行施工和运行的，它们又多承受水的推力、浮力、渗透力、冲刷力等的作用，工作条件较其他建筑物更为复杂。

2. 水利工程管理的概念及类型

水利工程管理就是在水利工程项目发展周期过程中，对水利工程所涉及的各项工作所进行的有计划、有组织的指挥、协调和控制，以达到确保水利工程质量和安全，节省时间和成本，充分发挥水利工程效益的目的。水利工程管理根据不同的分类标准，可以分为以下几个类型：

1）水利工程建设管理和水利工程运行管理

水利工程经筹划、立项，按批准的设计规定内容建成后，投入运行，生产经营，获取社会、经济、环境等各方面效益。对水利工程而言，按工程项目发展周期的不同阶段，可划分为两类管理：一类是水利工程建设管理，对应于工程建设阶段；另一类是水利工程运行管理，对应于工程运行阶段。

工程项目管理是一种现代管理技术，是指通过一定的组织形式，用系统工程的观点、理论和方法，对工程项目管理生命周期内的所有工作，包括项目建议书、可行性研究、设计、设备采购、施工、验收等系统运动过程，进行计划、组织、指挥、协调和控制，以达到保证工程质量、缩短工期、提高投资效益的目的。随着工程项目管理在水利工程建设中的应用，水利工程建设管理由传统管理转变为工程项目管理。

水利工程运行管理是通过健全组织，建立制度，综合运用行政、经济、法律、技术等手段，对已投入运行的水利工程设施进行保护、运用，以充分发挥工程的除害兴利效益。

2）宏观管理和微观管理

水利工程管理，从主体角度，可以分为宏观管理和微观管理。水利工程宏观管理是指政府作为主体，对水利工程建设行为、运行养护以及整个行业，进行监督、管理。水利工程微观管理是以项目业主、设计单位、施工单位、监理单位、咨询单位、运行管理单位为主体的，就具体工程项目，对不同发展阶段、不同方面的任务，围绕各自目标进行的管理。

政府宏观管理方式基本分为两种，一是立法，二是执法。政府管理围绕这两方面开展工作。政府在工程建设中的管理工作包括：审批项目建议书和可行性研究报告，管理建设用地和拆迁补偿，管理项目建设程序，进行工程质量监督，对参与工程建设各方进行资质管理，监督国家的法律法规和强制性标准的执行。政府在工程运行中的管理工作包括：对各类水利工程进行行业管理，负责监督检查水利工程的管理养护和安全运行，负责管理水利工程的监督资金使用和资产管理责任。

对于微观管理，涉及建设阶段的有：项目法人、施工、设计、监理及咨询几方面。其中，项目法人的主要管理工作是：对建设项目立项、筹资、建设、生产经营、还本付息以及资产保值增值的全过程负责，并承担投资风险。对不同阶段具体管理内容如下：

（1）项目决策阶段，以项目可行性研究报告为中心。

（2）项目实施准备阶段，主要包括建设管理机构的设立、资金筹措、土地征用、组织招标确定设计施工及材料设备采购。

（3）项目实施阶段，包括设计管理、施工管理及竣工验收管理。

（4）投资回收与效益考核阶段，包括项目投资回收及效益考核、项目后评价等。

施工项目管理的工作主要是：建立施工项目管理组织，进行施工项目管理规划，进行施工项目的目标控制，对施工项目生产要素进行优化配置和动态管理，对施工项目的组织协调，进行施工项目的合同管理和信息管理。监理工作主要是：进行质量控制、进度控制、投资控制，实行合同管理。

微观管理涉及运行阶段的主要是运行管理单位的管理，主要是：保护水利工程设施，避免受天然的和人为的破坏；确保水利工程安全，防止发生溃坝、倒闸、决口等安全事故而酿成严重灾害；维护工程设备功能，充分发挥其除水害、兴水利的效益。

3. 水利工程管理的主要任务

水利工程管理的主要任务是：确保工程的安全、完整，充分发挥工程和水资源的综合效益，即通过合理调水、用水，除害兴利，最大限度地发挥水资源的综合效益；通过检查观测了解建筑物的工作状态，及时发现隐患；对工程进行经常的养护，对病害进行及时处理；开展科学研究，不断提高管理水平，逐步实现工程管理现代化。

为了做好工程管理工作，首先应当详细掌握工程的情况，在工程施工阶段，就应筹建管理机构，并派驻人员参与施工；工程竣工后，要严格履行验收交接手续，要求设计和施工单位将勘测、设计和施工资料一并移交管理单位；管理单位要根据工程具体情况，制定出工程运用管理的各项工作制度，并认真贯彻执行，保证工程正常高效的运行。在建筑物的管理中，必须本着以防为主、防重于修、修重于抢的原则。首先做好检查观测和养护工作，防止工程中病害的发生和发展，发现病害后，应及时修理。做到小坏小修、随坏随修，防止病害进一步扩大，以免造成不应有的损失。

二、水利工程管理的业务需求

水利工程管理涉及水利规划计划、水利工程管理以及水土保持、农村水利建设、科技教育、水政水资源等全方位的业务流程，不但包括内部工作人员的日常政务办公，而且还包括信息收集、网上水利政务信息的发布、网上水利地理信息查询等功能。具体可以分为以下几个方面的业务需求：

1. 水利电子政务与信息发布

互联网的出现，改变了水利部门的日常工作方式，随着互联网技术的不断进步，水利部门的日常办公也逐步向更科学、高效率、低成本的工作方式转变。水利工程管理实现网络化以后，水利部门可以在网上向所有公众公开部门的名称、职能、机构组成、办事章程以及各项文件、资料、档案等。在网上建立起水利部门与公众之间相互交流的桥梁，为公众与水利部门打交道提供方便，并从网上行使对水利部门的民主监督权利。同时，公众也可从网上完成与水利部门管理有关的各项工作。在水利部门内部，各部门之间也可以通过互联网互相联系，各级领导也可以在网上向各部门做出各项指示，指导各部门机构的工作。

水利工程管理网上办公要求加强水利系统各级网站建设，利用互联网技术，建设水利服务系统，向社会宣传水利，提高水利部门办公的透明度，树立水利部门的良好形象、促进水利部门的廉政建设。通过水利电子政务与信息发布系统的建立，提高水利为社会公众服务的意识和水平，自觉接受社会的监督，争取社会对水利的支持，更好地为社会服务。

水利信息化建设是政府网络工程在水利行业中的具体应用，水利工程管理信息化是水利信息化建设中核心组成部分。水利工程管理信息化所依托的计算机网络，根据物理上的需求，又分为内网和外网。内网是水利系统的内部网络，用于处理水利行业内部的业务。外网是以互联网为依托的水利公众信息网，用于连接水利行业外部相关单位，向公众发布水利信息，宣传水利事业和政策法规。

　　水利部门内部政务办公与政务信息资源发布是紧密联系的，如图 4-1 所示，信息资源来源渠道是内部政务办公数据资料，如水利部门某项目工程的招投标过程，当一项工程确定实施后，决定对其公开招标，内部工作人员可以把相关招标信息发布在互联网上，投标的企业单位通过互联网可以了解投标事项、下载招标书，工作人员可以在内部办公网上记录招标过程，记录投标单位的基本情况和资质情况，定标时通过系统可抽取专家，定标后，把定标单位记录在案，方便以后的信息查询。当定标结果确定时，工作人员对该定标结果发布，无需重新录入数据，从而减少繁琐劳动，提高工作效率。

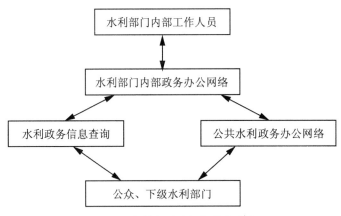

图 4-1　水利电子政务与信息发布

　　公众、下级水利部门主要通过政务信息查询以及公共政务办公与综合政务系统建立沟通，相关事务处理请求通过内部办公系统转给本水利部门的工作人员，工作人员可以通过办公自动化系统进行政务处理及对政务信息查询系统更新。通过这样一个业务模型，可以实现水利部门的政务电子化。

　　2. 数据远程申报与统计汇总

　　水利工程设施管理的基本特点就是分布式、非集中式的管理，水利工程管理信息系统不但满足内部政务办公的需求，而且要实现远程数据的申报。例如，对分布范围较广的水闸管理站，当水利部门需要集中对数据收集汇总时，要求各管理单位上报各自的数据，这时，水利部门分配给每个下级单位一个账号，下级单位只需要用此账号登录，按照上级给定的数据上报格式填报；在服务器端系统会自动汇总统计，并排除一些非法的数据。这种方式实现了申报的无纸化，具有快捷、安全、准确、方便的特点，减少了繁琐的手续。

　　水利工程管理信息系统在对上报来的数据录入数据库前，将自动进行审查，检查其合理性。检查一般包括数据格式合理性检查与数据逻辑合理性检查，数据格式合理性检查主要指上报的数据格式是否与其实际意义相符，如上报的数值数据中是否有非数字数据；数据逻辑性检查主要指数据内部逻辑关系是否正确，如本月上报的累计数据不能少于上月上报的累计数据。其数据库结构如图 4-2 所示。

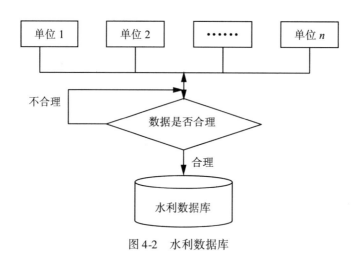

图 4-2　水利数据库

　　例如，在农田水利建设灌区统计中，农水部门要求下级上报灌区节水改造项目汇总数据，上报数据项包括累计下达计划，分中央预算内专项基金、地方配套（省市县），截至目前累计到位资金

（中央预算内专项基金、地方配套），截至目前累计完成投资（中央预算内专项基金、地方配套）。下级直属部门通过给定的账号登录到上报子系统，在本地填报数据，然后提交给服务器。农水部门工作人员通过系统可查看上报来的各地灌区节水改造项目数据，同时也可在设定范围内对各项数据汇总、统计，通过汇总统计的数据，全面分析灌区节水改造项目的投资计划走势。

3. 地理信息网上查询

WebGIS 能将水利业务数据与水利地理图形紧密地结合起来，并提供通过浏览器方式操作大量常用的分析、查询功能，使处理结果以形象直观的图形或表格的方式显示出来。使得无论是专业人员还是普通用户，都能方便地获取所需要的有关水利地理信息，使水利工程管理达到新的水平。

水利工程管理信息系统中应用 WebGIS 通过对数据库的查询、操作来实现对各类水利信息的分析处理，结构如图 4-3 所示，可以将结果以清晰的水利工程分布图或表的形式显示出来，使用户能够对水利工程的地理信息有更加深刻的了解。除图形之外，WebGIS 的强有力的数据库连接功能，可以帮助工作人员与某一地点有关的所有数据建立关联和地图文件，数据均可被选择、查看、分析和比较；同时还实现了空间分析功能，为工作人员提供决策分析依据。

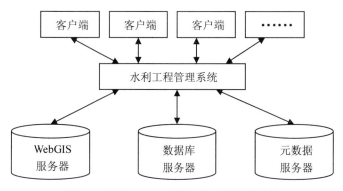

图 4-3 基于 WebGIS 的水利工程管理系统

水利工程地图网上浏览不但包括水利工程总图的浏览，还包括各项专题图的浏览，如河道走势图、水闸分布图、灌区分布图、通信网站图、滞洪区分布图等。工作人员可以在内部浏览水利图，公众也可以通过互联网浏览在线查看各项水利图。水利地图网上浏览不但成为水利部门办公人员工程决策的参考依据，而且还实现了水利地理信息的公众查询功能。通过在水利工程管理信息系统中引入 WebGIS 后，能够实现以下几个目标：

（1）实现包含空间图形数据和属性数据的水利工程信息数据库的建立；

（2）实现水利工程管理的网络化；

（3）实现水利工程信息的网络发布和共享；

（4）实现水利工程信息的图形、图像、文本、声音、视频等多种媒体形式的信息的发布和共享。

在水利工程信息网中，一台计算机作为 WebGIS 服务器，一台计算机作为 Metadata 服务器，另选一台计算机作为数据库服务器。其他各处室计算机与服务器之间通过互联网相连接。

在 WebGIS 服务器中，可使用 Java 开发平台和纯 Java 编写 Applet 实现服务器的管理，空间数据存储在该服务器上，属性数据存储在数据库服务器上。在原数据服务器上，设计一套原数据管理系统，让网络满足一定权限的用户可以登录到数据库系统，从而可利用该系统检索到所需数据，并能获取数据。客户端利用浏览器直接工作，形成一套完整的基于 WebGIS 的水利工程信息网。

4. 水利资料库管理

资料管理是水利工程管理信息系统重要组成部分，有关水利工程的法律、法规、政策以及公文等文档资料的查询、维护是水利部门日常办公的重要组成部分。资料库管理一般分为各部门的资料和公共资料。各部门的资料只有本部门工作人员才可以查看，但是所有部门可以共享公共资料，资料管理提供了高效的检索功能，水利各部门工作人员可以根据标题、作者、主题词、任意词、来源、摘要等线索查找的资料。

水利工程管理信息系统中资料库数据分为文档资料、图片资料、音像资料、文档资料，如有关水利工程的政策文件、法律法规等。图片资料包括水利工程的外形景观、平面图等。音像资料包括记载水利工程实施的过程中的工作动态、面貌等。所有水利工程资料用户均可通过浏览器实现在线浏览、下载或打印。图片资料可实现在线浏览，音像资料可实现在线观看，实时播放。水利工程中水利资料库管理一般包括以下几方面的内容：

（1）资料分类检索。工作人员根据资料的编写作者、主题词、来源等信息对信息库中的信息检索，实现多功能复合检索功能。

（2）资料分类管理。工作人员根据需要，可自行定义分类标准，提高检索率。

（3）资料导出功能。可把各种文档资料导入到如 Excel 文件、Word 文件水利工程管理信息化需求分析文件以及网页文件等文件格式，方便用户的文档管理。

（4）数据备份功能。用户可以通过导出文件备份资料，也可以利用系统备份功能备份资料，工作人员可以设定备份时间或备份周期，系统会根据设定时间自动进行备份。

（5）资料恢复功能。用户可以利用系统备份的资料文件或用户自行备份的资料文件实现系统某一状态下的资料恢复。

（6）资料保护功能。用户可以给资料库设置密码，也可以给某份资料单独设置，同时，各科室的工作人员也可以对本科室的资料设置密码。

三、水利工程管理信息化的数据采集

水利资源数据可以划分为原始数据采集和地图数据采集。原始数据的采集主要有：基于数字全站仪、电子经纬仪和电磁波测距仪等地面仪器的野外数据采集，基于 GPS 的数据采集以及基于卫星遥感（RS）和数字摄影测量（DPS）等先进技术的数据采集。地图数据采集主要有地图数字化，包括扫描和手扶跟踪数字化。这些技术构成了数据采集的技术体系，需要指出的是，除了借助于电子化仪器，还需人工的实地调查观测的辅助，才能真实地反映调查区的水利资源状况。

从水利工程项目建设管理的角度，不仅包括工程规划设计施工中的自然、地理等空间数据，同时也包括项目所在地的资源、社会经济等数据，对该类数据，除向有关部门搜集获得外，还需要进行社会调查获得，因此，这部分数据的采集必须依靠人工获得后再进行录入。图 4-4 所示是水利资源数据采集的技术路线图。

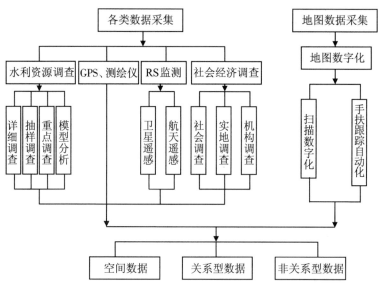

图 4-4　水利资源数据采集的技术路线图

1. 原始数据采集

目前的 GIS 数据的原始采集，即全野外测量模式，主要有两种形式：一种是平板仪测图模式；另一种是利用全站仪和经纬仪配合测距仪的野外测记模式。前者是在野外先得到手工绘图，然后在室内用数字化仪在测绘图上采集 GIS 数据；后者是用全站仪和经纬仪配合测距仪测量电子手簿记录点的坐标和编码，在测量的同时，记录点的属性信息和编码信息，然后在室内将测量数据直接录入计算机数据库。

在目前的野外调查中，常用的是"GPS+便携机"模式，即利用 GPS 直接在野外采集数据，然后把 GPS 接收机数据装入便携式计算机。填图人员带着便携式计算机在实地对地物实体逐点进行测量、不仅可以极大地减轻野外作业的工作量，减少作业人数，而且不必逐级进行控制测量，极大地提高了工作效率。如果再借助于远程通信系统，在野外测量的过程中，适时地将数据传输到室内计算机进行图形编辑。室内工作人员又可根据图形编辑的需要，及时通知野外作业人员进行数据的补充采集和修正。

2．地图数据采集

我国有很多地形图，因此，将现有地图进行数字化，是目前常用的方法。地图数字化主要有手扶跟踪和扫描两种方法，需要研究的是如何克服地图数字化过程中出现的各种误差、如地图伸缩变形误差、扫描仪扫描误差、矢量化误差、数据处理和编辑过程中的误差。将现有的地形图用数字化仪或扫描仪输入时，点位误差的来源主要有：

（1）采集误差，即在数字化或扫描过程中产生的误差；

（2）原图固有误差，包括测量误差、采用的投影方法误差、控制格网绘制误差、控制点展绘误差、展点误差、制图综合误差、图纸绘制误差、图纸复制误差、图纸伸缩变形误差等。

在进行地图数据采集时，对于界址点点位应尽量采用实测坐标输入，用数字化方法输入时，应采用聚酯薄膜原图，保证点位精度。

3．社会经济等数据采集

对于一些无法借助于仪器的社会经济等数据的采集，必须通过社会调查或从相关管理部门查询等方式获得。因此，对于这部分数据，必须经过人工手段进行获得和录入。

4．水利资源数据实时获取和更新

全国各地根据各自的实际情况，不同程度地把计算机技术、数据库技术和GIS技术分别应用于水利资源调查工作的各个环节，以保证调查成果的质量，提高调查工作的效率，加快调查成果的应用，并努力实现实时数据获取和更新。具体实施方案为：

（1）利用手扶跟踪数字化输入方式或扫描数字化输入方式，根据矢量格式连续坐标的积分求积和栅格化像素填充原理，利用计算机进行图斑面积的量算；利用计算机图形原理或 GIS 技术，制定数字化方案和要求，进行坐标变换和地图符号化等处理，制作各种土地利用图件。

（2）利用计算机处理技术，对数字航片进行倾斜误差改正和投影误差改正，实现航片的自动转绘，同时自动生成水利工程图或正射影像。

（3）根据遥感监测数据对监测水利资源，监测变化图斑的变化面积进行统计，根据不同的行政区划，统计历年的水利资源消长；根据不同的监测区名称，统计监测区的水利资源消长。

四、数据采集手段的比较

1. 传统水利资源调查和社会调查

传统的水利资源数据获取方式主要为水利资源调查，其方法主要有详查、抽样调查和重点调查等。运用水利资源调查与统计，可以对水利资源数量和质量进行分析。一般在遥感资料的基础上，需要通过水利资源调查进行检查和补充，在遥感资料缺乏的地区或年份，只有依靠水利资源调查来反映水利资源状况。利用抽样调查、小班调查等一系列调查工作和历年水利资源统计资料，能够准确反映水利资源的变化情况；而社会经济等相关数据，则主要通过社会调查和向相关部门查询方式获得。

2. 利用 RS 技术的水利资源数据采集

RS 技术具有覆盖面广、宏观性强、多时相、实时性强、信息量丰富等特点，已被广泛应用于获取和提取各类水利信息，成为水利管理信息系统的重要数据源和辅助决策手段。随着计算机技术、空间技术和信息技术的发展，遥感技术的应用已从单一遥感资料向多时相、多波段、多数据源融合发展，从静态分析向动态监测发展，从对资源、环境的定性调查向计算机辅助的定量制图过渡，并与地理信息系统（GIS）和全球定位系统（GPS）等技术结合起来构成空间数据采集与处理系统。

3. 利用 GPS 技术的水利资源数据采集

GPS 技术可以为用户提供三维定位，由于能够独立、迅速和精确地确定地面地物的位置，因此被广泛地引进到大地控制测量领域中来。GPS 定位技术与常规控制测量技术相比有许多优点：

1）观测站之间无需通视

传统测量要求测站点之间既要保持良好的通视条件，又要保障三角网的良好结构。GPS 测量不要求观测站之间相互通视，这一优点既可大大减少测量工作的经费和时间，也使点位的选择非常灵活。GPS 测量虽不要求观测站之间相互通视，但必须保持观测站的上空开阔，从而确保接收 GPS 卫星的信号不受干扰。

2）定位精度高

现已完成的大量实验表明，在小于 50km 的基线上，其相对定位精度可达 $10^{-6} \sim 2 \times 10^{-6}$，在 $100 \sim 500km$ 的基线上可达 $10^{-6} \sim 10^{-7}$。随着观测技术与数据处理方法的改善，预计可以在大于 1000km 的距离上，相对定位精度达到或优于 10^{-8}。

3）观测时间短

目前，利用经典静态定位方法完成一条基线的相对定位所需要的观测时间，根据要求的精度不同，一般为 $1 \sim 3h$。快速相对定位法的观测时间仅需数分钟至十几分钟。

4）操作简便

GPS 测量的自动化程度很高，在观测中，测量员的主要任务只是安装并开关仪器、量取仪器高和监视仪器的工作状态和采集环境的气象数据，而其他观测工作，如卫星的捕获、跟踪观测等，均由仪器自动完成。另外，GPS 用户接收机一般重量较轻、体积较小，因此携带和搬运都很方便。

5）全天候作业

GPS 观测工作可以在任何地点、任何时间连续地进行，一般也不受天气状况的影响。

基于以上特点，GPS 已经成为水利资源数据采集的重要技术。

五、水利工程管理信息化的数据结构设计

1. 水利工程管理数据的特点

信息系统离不开数据，整个水利信息系统都是围绕空间数据的采集、加工、存储、管理、分析和表现来进行设计的，空间实体的特征值可通过观测或对观测值处理与运算来得到。由于水利工程数据信息的复杂性、交错性等特点，在数据形式上主要有以下几个方面的特点：

1）种类多

水利工程管理涉及的数据种类非常多，包括水利资源相关数据和社会经济环境等数据，其中，水利资源管理涉及的数据又可以归结为四类：数字线划数据、影像数据、数字高程模型和地物的属性数据。

数字线划数据是指将空间地物直接抽象为点、线、面的实体，用坐标描述它的位置和形状。这种抽象的概念直接来源于地形测图的思想。一条道路虽然有一定的宽度，并且弯弯曲曲，但是测量时，测量员首先将它看做是一条线，并在一些关键的转折点上测量它的坐标，这一串坐标就可以描述它的位置和形状。当要清绘地图时，根据道路等级再给其配赋一定宽度、线型和颜色，这种描述非常适用于计算机表达，即用抽象图形表达地理空间实体。

影像数据包括卫星遥感影像和航空影像，它可以是彩色影像，也可以是黑白灰度影像。影像数据的信息丰富、生产效率高，并且能直观而又详细地记录地表的自然现象，因此它在 GIS 中起着越来越重要的作用。人们可以借助影像数据加工出各种信息，如河流的数字线划数据。在水利工程应用中，影像数据一般经过几何和灰度加工处理，使它变成具有定位信息的数字正射影像，其立体重叠影像还可以生成地表三维景观模型和数字高程模型数字。

高程模型实际上是地表物体的高程信息，但是由于高程数据的采集、处理、管理和应用都比较特殊，所以在 GIS 中往往作为一种专门的空间数据来讨论。

属性数据是水利信息系统的重要特征，它使得水利信息系统如此丰富，应用如此广泛。属性数据包括两个方面的含义：一是它是什么，即它有什么样的特性被划分为地物的那一类，这种属性一般可以通过判读，考察它的形状和其他空间实体的关系即可确定；二是它是实体信息的详细描述，如一座水库大坝的建造年限、坝型、坝高等，这些属性必须经过详细调查，所以有些 GIS 属性数据采集工作量比图形数据还要大。

2）空间数据模型复杂

空间数据模型分为栅格模型和矢量模型。栅格模型和矢量模型最根本的区别在于它们如何表达空间概念，栅格模型采用面域和空域枚举来直接描述空间目标对象；矢量模型用边界和表面来表达空间目标对象的面或体要素，通过记录目标的边界，同时采用标识符表达它的属性来描述对象实体。正是由于空间实体的多姿多彩和千变万化，决定了空间数据模型的复杂性。

3）数据量大

信息丰富、数据量大是水利空间数据的一大特点。

4）分布不均匀

在同一个系统中，空间数据的分布极不均匀，这是由地理信息系统所描述的地理现象本身的不均衡所决定的。局部数据相当稠密，而另外的区域却相对稀疏，部分对象相当复杂，而另外的对象却又相当简单，数量级的差别往往在 10 万倍以上。

5）分布式空间数据存储

随着 GIS 在各行各业深入开展和空间数据的数量膨胀，把数据集中在一个大的数据库中进行管理的传统方式已经无法满足用户需求，如一些特殊数据的拥有者发现他们可能会失去对数据的控制权；数据的存储结构难以动态改变从而无法适应不同用户的需求，庞大的数据量在单个数据库中管理困难，运行效率低；由于业务的扩大，特别是跨地域的发展，数据的集中管理更加困难。因此，随着网络和分布式数据库技术的发展，空间数据往往被异地存储，分布式进行管理。

6）自治性

许多正常运行的 GIS 系统在建立之初，往往都是以独立的系统存在，即采用不同的 GIS 软件，不同的数据模型和数据结构之间缺少紧密的联系。但在实际应用过程中，经常需要综合不同系统中的数据处理分析结果，才能做出决策、判断和分析，而这些数据又被存储于不同的系统中，且这些系统又因为各方面的原因要独立地运行，如机密数据在不同系统中有不同的权限控制，这就决定了空间数据的自治性。所以，不破坏空间数据的自治性，又达到数据共享和互操作，是空间数据互操作的一个基本要求。

7）异质性

异质性在许多领域中都存在，且大多数是由于技术上的区别引起的，如不同的硬件系统、不同的操作系统及不同的通信协议等。为了解决异质问题，许多专家学者进行了多年的研究，在大多数情况下，数据的异质性已不再阻碍数据的互操作了；但是在地理信息领域中，由于空间数据的特殊性还存在不同层次的异质性，如语义异质，它仍然会经常引起数据无法信息共享。语义上的异质可认为是对象认识的概念模型不一致引起的，如不同的分类标准、几何对象描述的不同等。

8）重复使用

随着水利在生态环境建设中重要性的日趋体现，水利地理空间数据与生态环境保护其他方面的需求相结合，这就要求空间数据的建设、管理和应用能在共享和互操作的环境中运行。

9）功能集成

将不同的水利信息系统中的功能集成在一个全局系统中，这种情况在水利工程的建设和管理决策分析应用中广泛存在，一个决策分析往往需要综合考虑多种信息。例如，要进行一个水利建设项目，往往要从基础设施库中获取该地区的地形、地貌等基本信息，同时考虑当地的经济发展要求，即要从经济数据库中获取该地区的经济相关指标，然后综合分析这些信息。这就不仅需要空间数据的共享和互操作，还需要各个子数据库系统的功能模块，表现模块的共享和互操作。

2. 数据管理结构设计

计算机及相关领域技术的发展和融合，为水利空间数据库系统的发展创造了前所未有的条件，以新技术、新方法构造的先进数据库系统，正在或将要为水利信息数据库系统带来革命性的变化。水利工程管理信息化数据管理结构如图 4-5 所示。

（1）针对不同系统（GIS 或 DBMS），根据系统需求和建设目

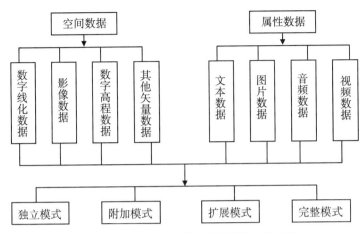

图4-5 水利工程管理信息化数据管理结构图

标，采取不同的数据管理模式。

（2）在数据管理模式实现的基础上，选取适合的数据模型。

（3）采用数据库技术解决水利工程信息化过程中的数据管理问题。例如，应用面向对象数据模型，使水利空间数据库系统具有更丰富的语义表达能力；应用多媒体技术，拓宽水利空间数据库系统的应用领域；应用虚拟现实技术，促进水利空间数据库的可视化；应用分布式和C/S、B/S模式，使水利数据库具有互联网连接能力，实现分布式事务处理、透明存储、跨平台应用、异构网互联、多协议自动转换等功能。

（4）在数据库实现的基础上，系统集成实现空间数据挖掘、知识提取、数据应用和系统集成。

六、水利工程数据管理方式

水利工程中的空间型数据管理模式可归纳为以下四种：

1. 独立系统模式

水利空间数据和属性数据是完全建立在文件系统之上的，对不同的应用模型可以开发独立的数据管理服务。独立的文件系统是早期的管理模式，但是由于它对属性数据的管理功能极弱，早在20

世纪 80 年代基本已经被淘汰，但某些 GIS 软件仍然采用该管理模式，如 MapGIS 的属性数据管理采用的就是 WB 文件模式。

2. 附加系统模式

这种模式利用 DBMS 管理属性数据，利用专门的空间数据管理软件来管理空间数据和属性数据，并且通过 ID 将空间数据和属性数据建立关联。目前大多数的 GIS 软件均采用这种模式来管理数据，如 ESRI 公司的 ArcInfo、武大吉奥的 GeoStar。但是这种模式也存在一些缺陷：

（1）由于图形和属性数据的分离不利于空间数据的整体管理，难以保证数据的一致性；

（2）地理信息系统的开放性和互操作性受到文件管理系统的限制；

（3）无法确保数据共享和并行处理。

3. 扩展系统模式

扩展系统模式实现了空间数据与属性数据同时存在于商业数据库中。这种模式的实现主要是利用关系型 DBMS 的对象管理能力，来实现空间数据和属性数据的一体化管理，即通过采用对象关系模型，实现对空间数据的索引技术，可以将空间查询转换成为标准的 SQL 查询，省略了空间数据库和属性数库之间的繁琐联接，提高了系统的效率，使空间数据能够更加广泛的信息共享，并且使得信息安全得以保障。

虽然在该模式下，关系数据库系统（如 SQLServer）支持长二进制字段（BLOB）的存储，在一定程度上较文件系统具有较好的安全性、完整性和数据共享性，但由于无法对 BLOB 字段存储的空间坐标系统进行分析和运算，使得传统的空间索引技术在这些数据库中无法得到支持。因此，对整个空间数据库的空间查询往往是非常粗糙和简单的。一般通过简单的比较对象 BOX 范围的方法，将符合 BOX 查询的对象从数据库中提取后，再进行精确的筛选，如穿越查询、多边形查询等，这样造成初次被选中的空间对象很多，网络流量增大，系统效率不高，给 GIS 系统的应用带来了困难。

4. 完整系统模式

完整系统模式是指按照面向对象理论完全重新设计的面向对象数据库，能很好地模拟和操纵复杂对象。在这种系统中，空间数据与属性数据按照更加类似于人类的思维方式建立模型。采用这种模式构造的系统，适合定义复杂的地理实体以及实现对复杂对象的直接操作。因此，面向对象数据库成为比较理想的统一管理 GIS 空间数据的有效模型。但是，面向对象数据库目前仍然没有在市场以及关键应用领域被广泛接受，其主要原因包括如下两个方面：

（1）面向对象数据库作为一个数据库系统，目前还不太成熟，例如缺少完全非过程性的查询语言以及视图授权动态模式更新和参数化性能协调等。

（2）面向对象数据库与关系数据库之间缺少应有的兼容性，因此使得大量已经建立起来的庞大的关系数据库的客户不敢轻易地再去选择面向对象数据库。

七、基于 3S 技术的水利工程管理信息化

水利水电工程建设与管理是一项信息量极大的工作，涉及水利工程前期工作。审查审批状况、投资计划情况、建设进度动态管理、工程质量、位置地图检索、项目简介、照片、图纸等一系列材料的存储、管理和分析，利用 3S 技术可以把工程项目的建设与管理系统化，把水利工程建设情况进行实时记录，使工程动态变化能够及时反映给各级水利行政主管部门，还可以对河流变化进行动态监测，预测河流水情发展趋势，可为水利规划、航道开发以及防灾减灾等提供依据。

1. 水利工程项目进度管理

由于水利工程建设时间短，任务重，必须严格控制工程进度，才能保证工程年度计划目标的实现。另外，工程建设完成后，要实施管护项目，必须严格按照管护计划进行管理。在进度管理过程中，需要编制和优化项目建设进度计划，对建设进展情况进行跟踪检查，并采取有效措施调整进度计划纠正偏差，从而实现建设项目进度的动态控制。

2. 水利工程项目质量管理

项目质量是项目管理的生命线，只有在确保质量的前提下，项目活动才可以支付资金，质量与资金支付密切相关。水利工程项目中，水利工程建设质量在整个项目质量管理系统中最为重要。在整个项目执行过程中，对项目建设应实行全面质量管理，从项目的最初设计到最终的检查验收。项目管理人员为了实施对建设项目质量的动态控制，需要建设项目质量子系统。系统应具有以下功能：

（1）存储有关设计文件及设计修改、变更文件，进行设计文件的档案管理，并进行设计质量的评定。

（2）存储有关工程质量标准，为项目管理人员实施质量控制提供依据。

（3）运用数理统计方法对重点供需进行统计分析，并绘制直方图、控制图等管理图表。

（4）为建设过程的质量检查评定提供数据，为最终进行项目质量评定提供可靠依据。

（5）建立台账，对建设和护管等各个环节进行跟踪管理。

（6）对工程质量事故和工程安全事故进行统计分析，并能提供多种工程事故统计分析报告。

3. 水利工程项目资金管理

由于项目所有的活动最终都要体现在资金的支付上，因此，资金管理是项目顺利实施的物质基础。政府投资水利工程项目的资金管理要树立责任意识、效益意识、市场意识、风险意识，把有效的资金管理作为项目管理的核心，建立一整套适合中国国情的资金管理系统，以促进项目各项工作的顺利实施。水利工程项目在资金管理上应按照计划、采购、质量和资金四个管理系统相结合的原则，从资金到位管理、资金支出管理等方面进行财务控制，同时，在项目实施的各个阶段制订投资计划，收集设计投资信息，并进行计划投资与实际投资的比较分析，从而实现水利工程项目投资的动态控制。

4. 水利工程项目计划管理

水利工程项目计划是工程实施的基础，因此，工程计划的编制与优化需要根据项目进度、资金等影响因素进行控制和调整。

5. 水利工程项目档案管理

水利工程文档管理主要是通过信息管理部门，将项目实施过程中各个部门编写的全部文档统一收集、分类管理。应具有以下功能：

（1）按照统一的文档模式保存文档，以便项目管理人员进行相关文档的创建和修改。

（2）便于编辑和打印有关文档文件。

（3）便于文档的查询，为以后的相关项目文档提供借鉴。

（4）便于工程变更的分析。

（5）为进行进度控制、费用控制、质量控制、合同管理等项工作提供文件资料等方面的支持。

6. 水利工程项目组织管理

水利项目具有与一般项目不同的特殊组织方式，由于不同水利项目的内容、项目目标、实施方式、资源要求都不同，因此，目前还很难规定一种统一的水利项目组织形式。分析现行水利工程项目组织和管理形式的形成和发展，对于建立水利工程项目组织管理系统有一定的现实意义。现行水利工程项目是一种行政管理和经济调节交织的项目，其管理组织形式也充分体现了这一特点。这种特殊的项目组织形式表现了中国水利项目的基本特点，即行政管理和项目管理相结合。从水利工程项目的组织形式可以看出，该项目的组织形式并不是大多数项目管理理论所强调的按照一般项目管理的基本元素来设置的，如项目的产品生产单元（企业或单位）或项目的基本属性，以及项目规模、项目的复杂程度、项目的结果（产品和服务）、项目用户、项目组合（项目的产品、产品的生产过程和项目文化强度），而是按项目管理的行政管理级别来设立的，也就是说，水利工程项目的行政管理色彩比较浓厚。由于水利工程项目具有资金投入大、跨度长、涉及省份和部门多、实施范围广等特点，因此办公组织管理结构复杂。

7. 水利工程项目采购招标管理

项目活动的重要设备材料是靠采购招标来实现的，采购是项目执行中的关键环节，采购是否经济有效，不仅影响项目成本，而且直接关系项目预期效益实现。这里所说的项目"采购"，不是一般概念上的商品购买，它包含水资源、设备材料和服务的获得及整个获得方式和过程，按其内容大体可以分为水利工程建设的土建活动实施、购买货物和聘请咨询人员。项目采购管理应贯穿于项目周期的不同阶段。在项目策划和决策阶段，要确定项目中需要的货物和咨询服务，并制订初步的采购计划和清单；在项目准备阶段，要确定采购标的或合同标的划分问题，如工程如何划分标段、货物如何进行分包打捆等；在项目评估阶段，要确定采购计划、采购方式、组织管理等问题，并就采购计划和采购方式达成协议；在项目执行阶段，按照协议的采购方式，具体办理采购事宜；在项目总结阶段，总结评定采购的整体执行情况，总结经验和教训。主要功能可以包括：

（1）供应商管理：管理与企业有业务往来的所有供应商的信息，建立一个供应商信息库，包括供应商基本信息、产品质量信息以及费用信息。

（2）价格管理：对每一种物品，均采用内部价格和外部价格管理，内部价格为最高限价或计划价，外部价格是供应商的报价或市场价等。对于内部价格的设定，需要通过审核和审批。

（3）计划管理：采购计划管理是企业采购的核心。各部门提出的任务经过汇总采购计划，采购计划经过财务审核后进行任务分解，并分配给采购负责人，采购负责人经过询价、比质比价等采购活动后，提请审核和批准，批准人同时确定了采购方式。

（4）招标管理：招标以项目的形式进行，选择采购计划中为招标采购的物资形成一个招标项目，一个项目可包括多个采购计划，并且最终选中一家或多家供应商为该项目的供应商。

（5）库存管理：库存管理包括库存物资的入库、出库、调拨、特殊处理、盘库、仓库等基本信息。

（6）辅助决策：综合各子系统的数据，提供查询、统计分析、打印报表等功能，为领导提供辅助决策服务。

8. 水利工程项目监测管理

水利工程项目监测是实现既定目标的基本保证，通过对项目的

有效监测,才能减少项目风险,保证工程质量和效益,选取的指标包括:

(1)反映(外部监控)项目区宏观总体态势的指标组,如项目区经济增长率、财政支出对财政收入的变动弹性、项目财政负担率等;

(2)反映(外部监控)项目区经济结构的指标组,包括项目区一、二、三产业产值占GDP比重、土地利用结构等;

(3)反映(内部监控)项目实施状况的指标组,如中央和地方配套资金到位量、到位率,中央和地方配套资金实际完成量、施工进度完成率、水利资源质量变动率、水利资源结构变化率等;

(4)反映(内部监控)项目效益的指标组,如中央资金和地方配套资金结构变化率、水利工程质量合格率、资金投入的变动弹性等。

9. 水利工程项目效益评价

水利工程项目效益评价是项目可持续性投入的保证,通过对项目建设效果分析,对项目下期的建设提供决策支持。包括:基于项目成效的分析,生态效益等指标的分析,对项目的综合效益、生态效益、经济效益及社会效益等方面的评价。

第二节 3S技术在水利工程物流管理中的应用

物流管理是现代企业管理的重要组成部分,21世纪将是物流管理飞速发展的时代。现代物流作为一种先进的组织方式和管理技术,已经被认为是企业在降低物资消耗、提高劳动生产率以外重要的"第三利润源"。

在我国,由于信息技术应用上的滞后,使得上下游企业之间物流活动难以协调,物流成本高且可控制性差,严重制约了企业的发展。根据中国仓储协会的调查报告显示,我国每年的车辆运营空载率在45%左右,造成这一情况的重要原因之一是企业无法准确知道运行车辆的具体位置,从而无法为其提供正确的指导,司机往往也是凭个人经验行驶,无法找到最佳路径,不仅延误时机,而且增加了运行成本。要避免这种情况的发生,就必须将物流信息与空间位置结合起来,因此也就产生了现代空间物流技术。

一、水利工程建设实现现代物流的必要性与紧迫性

我国水电建设发展迅速、大型水电建设项目众多,这些大型水电建设工程大多具有投资大、周期长、施工范围大、施工区多位于偏远地并且远离商品集散地、物资需求大等特点,这些特点表明水电工程建设需要通过各种渠道外购大量的机械、设备、建材、机电、汽油等各种辅助生产资料。例如,三峡工程静态总投资额为900.9亿元,动态投资约为2039亿元,巨大的投资表明数千亿元的物资要通过物流注入到水利工程建设中,对于这种巨大的物流产业,各工程建设单位一般均设置专门的物资部门来进行物资的采购,但这些部门大多采用传统的物资采购方法去厂商购置所需物资,而很少利用现代的物流方式去进行科学优化的管理与调度,因此,在物资流动过程中,企业领导几乎失去了对物流的掌控,以致经常出现司机为了逃避过桥费而绕远路延误时间,甚至中途私自拉货、途中私自停留、油罐车司机途中私自将汽油卖给他人的现象更是司空见惯,形成了典型的物流黑洞现象,同时,由于信息的不对称,使工程建设单位往往产生对业主过分依赖,使企业蒙受巨大的经济损失。

随着互联网的发展和通信技术的进步,跨平台、组件化的3S集成技术飞速发展,如何利用这些先进的信息技术使工程建设单位不但在局部上能对物流的每一细节了如指掌,通过电脑就可以对物流的过程进行跟踪,并在屏幕上进行任意的放大、缩小、切换、还原,从而达到对远程物流过程进行定位、跟踪、报警、通信;而且在全局上还能使物流在路程上最优、物流费用最小、物流时间最短,在运输中能尽可能降低空载率,使物流形成工程建设"第三利润增长点",这将对企业的工程建设产生极大的影响。

二、3S技术在现代物流中应用概述

1. GPS在物流中的应用

GPS在现代物流中的应用主要有两个方面,即提供数据支持以

及车辆的监控和导航。

1）提供数据支持

GPS能够为物流地理信息数据库提供基础地理数据、货物在途数据、物流统计数据，能够实时在线查询数据等。GPS数据提供的类型主要有两种，一种是静态定位数据，另一种是动态定位数据。静态定位数据能为物流系统规划，物流数据库建设的一些固定地理要素提供空间坐标位置，这些数据可通过专业的测绘部门获得。物流系统主要应用的是GPS动态定位数据。

2）车辆的监控和导航

GPS在物流中应用最广泛、功效最大的就是车辆的监控和导航。GPS监控和导航定位采用动态定位模式，由于单点定位精度低，一般要采用差分定位模式，因此，数据传输一般采用基于移动通信技术的GSM短信方式、GPRS和CDMA移动数据传输业务。

2. RS在物流中的应用

遥感技术最大的特点就是能够通过对遥感图像的处理，快速地获得大量地理要素的数据。遥感在物流系统中的作用主要是更新数据库信息，即通过使用RS技术，最大程度上以最快的方式提供城市各类空间相关的变化信息，使所获取的信息永远处于最新版本状态。遥感数据的处理流程如图4-6所示。

3. GIS在物流中的应用

GIS在现代物流中的作用主要有以下几个方面：

1）车辆的跟踪和导航

利用GPS和GIS技术，可以实时显示出车辆或货物的实际位置，从而对车辆提供导航服务，并能查询出车辆和货物的状态，以便进行合理调度和管理。在时间紧迫或发生交通阻塞的情况下，利用GIS强大的空间分析功能，可以为司机提供可替代的行车路线，提高驾驶安全性，并尽快到达目的地。另外，还可以预测路网的交通量，根据货物的最迟到达时间和目的地找出车辆的最佳出发时间和行驶路线。

2）物流网络布局和运输路线的模拟与决策

利用GIS技术，可以实现物流网络的布局模拟，同时，借助

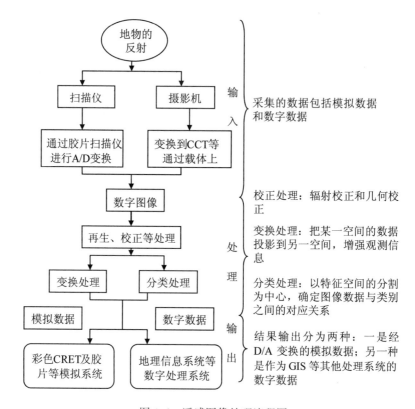

图 4-6 遥感图像处理流程图

GIS 的网络分析模型，可以优化具体运行路径，使资源消耗最小化，并以此来建立决策支持系统，以提供更有效而直观的决策依据。

4. 3S 集成技术在现代物流中的应用

将 3S 集成技术应用于物流中的主要目的就是以 3S 实时快速的数据更新能力和空间分析能力在可视化环境中对物流配送进行可视化、实时动态管理。与传统配送系统相比，应用 3S 集成技术的现代物流具有以下优点：

1）实时动态数据更新

由于 3S 技术能及时获取配送车辆位置信息、实时路况信息、交通管制更新数据等信息，并且数据修改简单易行，因此，可及时更新数据。

2）配送方案及时生成

3S 技术不仅能够及时获得实时动态数据，还具有强大的空间分析能力，可以很快根据最新信息，形成新的配送调度方案，如图4-7 所示。

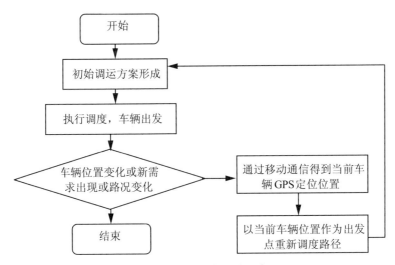

图 4-7　配送方案实时生成

3）实现可视化车辆监控调度

3S 技术集成了 GPS 定位和 GIS 地图可视化技术，能对配送车辆进行实时监控和导航。同时，还可以根据实际情况，动态更新数据，形成新的配送方案，并及时进行调度。如果和移动 3G 技术集成，配备前端摄像头，则可实现视频监控。

4）模型模拟的功能

3S 集成技术的强大功能还表现在它能够根据不同的模型对地物进行模拟仿真，模拟目标物体的发展过程。例如，可以历史回放某一辆车在一定时间范围内的行进轨迹和行进过程。

5）完善的查询功能

3S 集成技术能够提供全方位的查询功能，特别是客户查询功能。通过互联网连接的 WebGIS 能实现远程在线电子地图查询，让客户实时掌握货物情况。

三、基于 3S 集成的水利工程物流管理系统

基于 3S 集成技术的水利工程物流管理系统可分为以下三层：

第一层主要包括三个部分，即第一部分是系统后台以 ArcgisSDE 等 GIS 软件作为空间数据库引擎，以关系型数据库（如 SQLsever）作为结构化查询语言；第二部分是物流系统业务辖区所在地的基础地理数据；第三部分是基于水利工程物流特点的 3S 集成。

第二层是现代物流管理的核心，包括物流配送系统、物流监控系统、物流分析系统和物流管理系统四部分。其中，物流配送系统包括配送中心选址系统、配送路径优化系统、配送网点管理系统和配送决策支持系统，物流监控系统包括无线通信联络系统、GPS 定位系统、监控实时显示系统等，物流分析系统包括工程需求分析、市场动态分析、厂商信息分析等，物流管理系统包括模型子系统管理、物流调度管理、物流安全管理、应急预警管理等。

第三层为建模工具和二次开发层，利用这一层，用户可以对系统进行二次开发，以适应各种类型情况下的应用。

完整的 3S 集成物流管理系统除包括分析建模工具和二次开发工具外，还可集成若干物流分析模型，包括车辆路线模型、最短路径模型、网络物流模型、分配集合模型、设施定位模型等。对于大型水利工程建设，可以通过对物流系统业务辖区所在地的基础地理数据的收集、量化之后，形成基于 GIS 的基础数据模型。通过 3S 集成及目标控制的优化算法，可以获得水利工程物流采购、运输、管理的实际作业方案，有利于水电工程建设企业做好、做大、做强，形成优势力量。对于一个大型水电工程建设项目，通过上述方法，可以形成以工程建设为中心，建设一个辐射周边、覆盖区域的大型物流基地，为企业形成"第三利润源泉"，为水利工程的多、快、好、省的建设奠定基础。

四、基于3S集成的水利工程物流系统的总体设计及功能

基于3S集成的水利工程物流系统的总体设计如图4-8所示。

基于3S集成的水利工程物流系统的主要功能如下：

1. 数据采集、转换及管理模块

由于水利工程对物流配送在及时、准确、快速等方面具有很高的要求，因此，掌握实时动态数据至关重要。数据采集包括两个部分：一是静态基础地理数据和配送相关数据的采集，二是实时动态数据的获取。在对数据采集接口方面，要求比较复杂，主要有地图数字化数据、GPS数据、RS数据、视频数据、移动通信数据等。在数据转换和管理方面，系统要能够提供地图数字化数据、遥感数据、GPS数据等类型的转换，以及栅格矢量数据之间的转换；系统还要实现空间对象拓扑关系管理。在管理空间数据和非空间数据方面，分别采用空间数据库和关系数据库。

2. 电子地图显示及操作模块

电子地图显示功能主要是将物流数据中的数据生成电子地图，并实现地图的分层、分级显示；地图基本操作功能主要是对地图放大、缩小、漫游、全局显示、鹰眼图和图层控制功能。另外，该模块还包括空间距离和面积量算功能和各种专题图、统计图表的制作和输出。

3. 信息查询和统计模块

信息查询功能主要包括基于空间关系的查询、基于属性数据的查询、基于图形数据的查询和混合查询。在查询内容方面，实现车辆信息、货物信息、道路信息、网络分布信息等查询。

统计模块功能主要是实现业务信息的统计功能，如报表打印、车辆轨迹输出、成本预算等；还有空间要素的统计功能，如配送网点的数量、网点间的距离、路网密度、货物流量等。

4. 车辆、货物动态监控模块

通过和移动通信设备的接口连接，将配送车辆的GPS定位数据实时传送，然后通过电子地图匹配，将车辆运行的实时轨迹数据

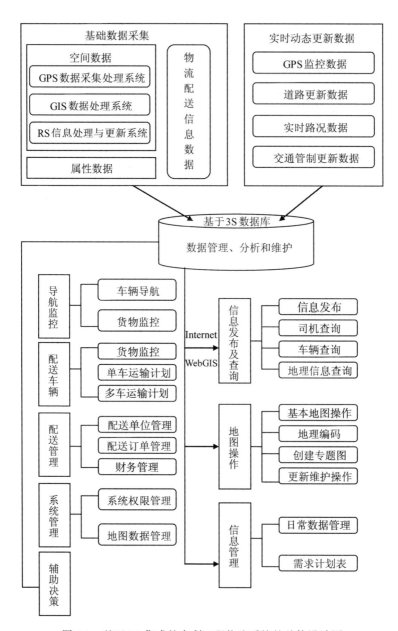

图 4-8 基于 3S 集成的水利工程物流系统的总体设计图

与系统中的数字地图的道路网信息联系起来，从而可确定出车辆及货物位置及运行轨迹。另外，可以将接收到每一辆车的 GPS 轨迹数据以文件形式存储，进行统计、分析和评估。

5. 物流配送决策支持模块

该模块主要是利用了 GIS 技术强大的空间分析功能，考虑水利工程施工区多位于偏远地区并且远离商品集散地、物资需求大、物流速度要求快等特点，要求能够起到对物流配送辅助决策的作用。

（1）最优运输路径的选择。该功能用来解决配送网络内任意两点之间的路径选择问题。依据的限制因素不同，可实现最短路径问题、最短时间问题和最低费用问题。

（2）配送中心的选址及网点布局决策。通过对配送服务区各种因素的综合考虑，本着最低消耗的原则，解决配送中心的选址和配送网点的布局，以及多个配送中心之间的配送服务区域划分问题和网络物流量平衡问题。

（3）配送方案选择。根据施工单位对物品的需求时间、实时道路情况、车辆类型及吨位、货物特性运输成本及时间等因素，设计最优配送方案。

第三节　3S 技术在水利工程普查中的应用

一、水利工程普查

水利工程基本情况普查就是全面查清水利工程的数量、分布等基础信息，重点查清一定规模以上的各类水利工程的特性、规模与能力、效益及管理等基本情况，对规模以下的工程了解其数量及其总体规模。建立水利工程信息数据库，满足水利工程动态监督管理的需要，为实现水利工程的精细、动态管理奠定基础，是制定完整的水利工程管理制度的基础。

二、3S 技术在水利工程普查中的应用

为了查清各类水利工程的数量与规模等基本信息，保证普查表

发放对象不重不漏，提高普查工作质量，把3S技术应用到水利普查工作中，运用RS技术获取普查范围境内河流概况，在GIS平台上，对各地上报的河流、堤防、水库、水闸、引调水等水利工程位置、数量、规模等基本要素进行提取判别，用GPS进行实地勘测，提高了工作效率和质量，并为建立多级流域水系水利管理信息数据库，实现水利信息数字化管理奠定了基础。

1. 建立解译标志

遥感影像反映了地物不同的光谱特征，地物具有不同的色调、纹理、形状等影像特征。诸如河流、堤防、水库、水闸等水利工程都具有明显形状、色调和自然特征，因此，将不同的地物反映出的影像特征加以归纳，即形成不同的解译标志。

2. 卫星图片判读解译

清查登记成果，复核以RS、GIS、GPS为平台，采用人机交互判读的数字化作业方式，根据遥感卫星图片反映出的光谱特征，利用计算机自动提取后进行判读，在建立自动提取参数和目视解译标志的基础上，采取鼠标示踪法，对河流、堤防、水闸、水库等图层分别标绘。

河道解译采用目视解译与计算机监督分类相结合的方法，这些图像特征即为解译标志，解译标志分为直接判读标志和间接判读标志。河道判读是一种间接判读标志，即通过与之有联系的其他地物在图像上反映出来的特征，推断地物的类别属性。在计算机上进行河道形状的勾绘，图形边界以多边形形式出现，图形为矢量化图形，所完成的地图即为数字地图。数字地图的最大特点是图斑面积自动勾绘边界，图形的比例尺可任意调整，并建立属性数据。

水系图是提取堤防、水闸等水利工程的基础，它以卫星图片为基础，沿河流中心线，在计算机上直接描绘河流分布图。描绘时，按照先易后难、先大后小、先干流后支流、先上游后下游的原则，同时结合收集资料中提供的河流发源地，注入地、注入河道，逐条确定。再利用1:5万的DEM图自动演算，生成等高线和水系边界，进而生成矢量化多边形（PLOY），形成流域图层。堤防、水闸等图层以河流图、水系图为基础，套叠卫星图片底图。中、小型水库库区以及塘坝工程明显的可直接勾绘，个别不清楚的可套叠乡镇分布图，并参照资料标绘。

3. 属性数据输入和注记标注

计算机绘制的各个图层为矢量化图层，相应的图层均带有各自的属性数据。面积和长度由计算机自动生成，大部分图层属性数据直接导入并校正。

4. 图层的叠加和分割计算

RS 在解译过程中，应根据需要，利用 GIS 功能，将其叠加生成不同级别、不同管理层次的地图。在此过程中，需大量的修改、删除冗余、校正、拓扑计算等工作，最终形成各市（县、区）水利工程信息分布情况地图。

5. 野外普查校验

水利普查内业采用人机交互判读方法，通过计算机直接绘制河流、水系图以及生成属性数据。水利普查外业校验进一步确定解译标志，复核内业判读结果。针对在内业影像上不能清楚解译的地物，进行 GPS 校验定点，并将周围可视范围内反映的地貌情况，利用数码相机拍摄，做现场环境记录，并与县级普查机构上报数据相复核。将 GPS 所采集的地理信息进行坐标转换，形成点文件，叠加到解译后的卫星影像上，最后再在 GIS 中进行坐标校正并做必要的修正。

第五章　3S 技术在大坝安全监测中的应用

中华人民共和国成立以来，已修建堤坝数量居世界之首，大约 10 万余座，在这些大坝中，15 米以上的有 1.8 万座，30 米以上的有近 3000 座。这些堤坝极大地推动了国民经济的发展，在发电、防洪、灌溉、航运等方面取得了巨大的社会效益和经济效益。但是，修建堤坝造福人类的同时，也存在很多风险，如施工质量、材料老化、运行管理落后等，都将影响大坝的安全运行。目前，许多水库大坝存在安全隐患，不仅影响工程效益的正常发挥，还对下游人民的生命财产安全构成威胁，甚至可能引起灾难性的后果。因此，保证大坝安全，是坝工建设和管理中的头等大事。为了保证大坝安全运行，消除潜在威胁，发挥良好的经济效益，就要求对大坝进行全面系统的检查、监测，对观测资料进行科学的分析和处理，随时反馈其动态信息，进行判断和分析，以便采取加固措施，把事故消灭在萌芽状态，保证大坝安全和人民生命财产安全。近年来，随着 3S 技术的飞速发展，将 3S 技术应用于大坝安全监测中，为大坝的安全监测提供了强有力的技术支撑。

第一节　大坝安全监测

一、大坝安全监测的概述

大坝安全监测（Safety Monitoring of Dams）是指通过仪器观测和巡视检查对大坝坝体、坝基、坝肩、近坝区岸坡及坝周围环境所作的测量及观察。这里的"大坝"可以泛指与大坝有关的各种水工建筑物；"监测"既包括对大坝固定测点一定频次的仪器观测，也包括对大坝外表及内部大范围对象的定期或不定期的直观检查和仪器探查。

大坝安全监测目的是掌握大坝的实际运行状况，原理是利用仪器观测和巡视检查来测量和观察大坝具体相关信息，为大坝安全分析提供原始资料。为评价大坝状况、发现异常、实施维护补修提供依据。在险情发生时，也能够发布警报，避免事故发生。大坝监测还是检验设计、施工、发展坝工技术的重要手段。由于大坝观测项目和测点很多、观测频次很密、跨度时间很长，能体现复杂的现场实际条件及监测项目的空间分布及时程变化等，因此，可以作为检验大坝设计、施工、维护等的重要依据，促进坝工学科的发展。

二、大坝安全监测的发展

大坝安全监测是由于大坝安全运行的需要并伴随着坝工建设的进步而发展起来的，就国际大坝安全监测发展过程可划分为三个阶段。

第一阶段是从远古到 19 世纪末，称为早期阶段。这一阶段的筑坝材料主要是土石，对大坝的监测、了解仅限于对大坝的外表观察和感性认识。

第二阶段是 20 世纪初到 50 年代末，称为发展阶段。这一阶段坝工理论逐渐形成体系，建设大量的混凝土坝，土石材料坝也有较大发展。这一阶段采用测压管来监测混凝土坝的扬压力，采用三角测量法、视准线法和精密水准法监测大坝的水平位移和垂直位移，采用垂线法和观测倾斜的静力水准法监测大坝的挠曲。1919 年谢弗（Schaeferotto）首创了弦式仪器；1932 年卡尔逊（R. W. Calson）发明了差动电阻式仪器。此后，许多大坝采用上述电测仪器，开展了坝内温度、应变、应力、接（裂）缝张合和孔隙压力等观测项目。到 20 世纪 50 年代，大坝观测已形成较齐全的体系，大坝的各主要观测项目都有了成型的观测仪器，光学、机械和电测的方法得到了普遍应用。这一阶段取得了大量监测资料，对实测值与设计值以及实测值与模型试验值之间做了许多比较分析。一些设计计算方法，如拱坝试载法、重力坝坝基扬压力计算法等，被观测资料所验证，从而得到肯定和推广。

第三阶段是从 20 世纪 60 年代至今，称为成熟阶段。新建的高坝、大库迅速增加，许多大坝建筑在复杂地形、地质条件下，涌现了一些新的结构形式和新的施工方法，坝工建设对大坝监测也提出了更高的要求。这一阶段大坝监测的对象从坝体及坝基浅部扩展到坝基深处及近坝区更大范围，对地基、坝肩及岸坡的观测给予了更多的重视，出现了观测深部岩体变形的多点位移计、滑动测斜仪等新仪器。观测技术也向更高水平发展，自动化和半自动化仪器逐渐取代了手工观测仪器。大坝监测从逐个单点观测发展为遥测、遥控、自动成批地观测，采用了与计算机网络相连的自动化监测系统。在监测资料分析上普遍应用了数学模型技术，正分析及反分析方法都得到发展和应用，研究建立了监控指标，不少大坝建立了监测数据库或监测信息系统，基于监测资料的大坝实际性态研究取得了丰富成果，有的大坝已经实现了远距离在线实时监控。

我国大坝安全监测的发展主要经历了以下三个阶段：

第一阶段从 20 世纪 50 年代到 70 年代，当时观测项目不全，仪器设备简陋，60 年代后，新安江、丹江口、刘家峡等水库的相继建成，我国大坝安全监测技术开始得到发展，基本上大中型混凝土坝、土石坝都设置了数据采集系统，当时主要为人工采集，监测的项目主要有水位、变形、压力、渗流、温度等。

第二阶段从 20 世纪 80 年代到 90 年代，我国大坝监测取得了长足的进步，不仅成立了专门的管理机构，建立了相关法律法规，还投入了大量的人力、物力。20 世纪 80 年代我国颁发了《水库工程管理通则》，1989 年制定颁发了《混凝土坝安全监测技术规范（试行）》，1991 年国务院颁发了《水库大坝安全管理条例》等法规，水利部、能源部也先后成立了大坝安全监测中心，这些都极大地推动了大坝安全监测技术的发展。同时，渗流方面的人工观测逐渐被遥测技术取代；应力、温度方面主要采用的是差动电阻式仪器，采用 5 芯电缆连接方法及恒流源激励，大大提高了观测精度；变形监测仪器方面出现了垂线、真空激光准直系统、静力水准仪、引张线遥测坐标仪器等新仪器；对水工建筑物的监测从坝体及坝基浅层扩展到坝基深处、坝肩等。这一阶段我国大坝安全监测技术的总体水平有了质的飞跃。

第三阶段从 20 世纪 90 年代初至今，我国大坝安全监测技术取得了更快的发展。2001 年 6 月，水利部发布了《大坝安全自动监测系统设备基本技术条件》，这是第一个行业标准，给大坝数据采集系统确定了规范和要求，使得大坝安全监测数据采集有章可循，有理可依，并逐步走上了标准化、规范化的道路。目前，国内自动化仪器制造的水平渐趋成熟，能够生产品种齐全的大坝监测设备，变形、应力、渗流等项目的监测进入成熟阶段。监测管理软件方面，出现了大量的大坝自动化采集系统，实现了数据稳定、可靠的在线采集。目前，有些大坝已经实现了流域级的大坝安全监测管理系统。现代网络技术、数据库技术、软件技术、图形图像技术、3S 技术等高新技术在其实现过程中显现了不可替代的优势。

三、大坝安全监测的主要内容和方法

大坝安全监测的内容主要包括变形监测、渗流监测、应力应变监测、环境因子监测等。

1. 变形监测

大坝的构成包括引水建筑物、挡水建筑物、泄水建筑物等，在其设计、施工、运行及维护的过程中，自身重力、水压力、泥沙压力、应力、温度、时效等各种因素将会对大坝结构产生相应的影响，坝体本身及其上下游一定范围内的地壳都将会导致某种程度上的变形，如果变形超出了允许的极限范围，就会存在安全隐患，造成危害。变形监测是指对大坝表面进行沿上下游方向和铅直方向的变形监测，即水平位移和垂直位移监测。当大坝发生裂缝时，还需进行裂缝监测。

大坝变形将直接影响大坝的安全性态，所以必须对坝体进行变形监测，确定测点在某一时刻的空间位置或特定方向的位移，以随时掌握大坝在各种荷载作用和有关因素影响下的变形情况。

变形监测常采用视准线法、前方交会法、水准测量等方法。

2. 渗流监测

大坝建成蓄水后，由于受到上、下游水压力以及坝体混凝土温度、时效等因素的影响，将会导致坝体、坝基、坝肩出现渗流现象。对混凝土大坝来说，除坝基有一定的渗流量外，沿渗流方向不同大小的渗透力作用，会对坝体、坝基产生不同程度的影响，而且，渗流作用在坝体与坝基接触面上所产生的扬压力也会直接影响坝体的稳定。这些渗流要素一旦超过允许值，就会威胁大坝安全，造成大坝破坏和失事。

渗流量的监测通常采用量水堰仪或管口渗流量计。渗压力的监测通常采用差动电阻式、压阻式、振弦式渗压计。

3. 应力、应变监测

应力、应变监测是大坝安全监测的主要项目之一，应与变形、渗流监测项目相结合布置。测量大坝的应力状态，应合理布置测点，使观测成果能反映结构应力分布、应力大小和方向。监测的内容主要有混凝土应力观测、坝体、坝基渗压力观测等。

应力、应变监测主要的仪器有钢弦式应力计、电阻式应力计、差动式（卡尔逊式）应力计等，其中，差动电阻式仪器在我国的应用最为广泛。

4. 环境因子监测

1）水位监测

大坝蓄水之后，上下游水位的落差会导致坝体、坝基出现渗流现象。水位高度不仅能反映出水库蓄水量的多少，而且是推算水库出流量的重要依据，并且对大坝的变形、应力也存在一定的影响。因此，水位观测对于综合分析大坝的安全性状是不可缺少的。水位观测仪器常用的有点测水位计、遥测水位计等。

2）温度监测

为了获取大坝及其基础内的温度分布及变化规律，分析由温度变化对大坝变形分量的影响强弱以及应力状态的变化规律，必须建立大坝及其基础的温度测量系统。温度观测主要分为气温、水温、混凝土温度等。

3）降水量监测

降水是地表水和地下水的来源，因此，掌握流域的降水情况，不仅是了解水情不可或缺的因素，而且是进行水库洪水预报、径流预报的重要因素，因此必须对降水量进行观测。常用的仪器有雨量器和自记雨量计。

第二节 GPS 在大坝变形监测中的应用

一、大坝变形监测概述

变形监测是大坝安全监测系统的重要组成部分。变形监测主要是监测大坝本身及局部位置随时间的变化，即确定测点在某一时刻的空间位置或特定方向的位移，可分为水平位移监测和垂直位移监测。目前常用的监测方法主要有：①水平位移监测的视准线法、引张线法、激光准直法、正倒垂线法、精密导线和前方交会法；②垂直位移监测的几何水准法、流体静力水准法；③三维位移监测的极坐标法、距离交会法和 GPS 法。三维位移监测是指实时连续观测变形点的水平位移和垂直位移。随着计算机技术、GPS 技术、RS 技术、GIS 技术以及互联网的快速发展，为安全监测系统的自动化、智能化奠定了坚实的技术基础。

二、传统大坝变形监测方法

1. 遥测垂线坐标仪测量技术

随着传感技术进步，遥测垂线坐标发展到 CCD 式和感应式垂线坐标仪。如采用差动电容感应原理的电容感应式遥测仪，当测点相对于线体垂直方向发生位置变化时，则差动电容比值随之发生变化，通过测量电容比，即可测出垂直方向的位移。电容感应式坐标仪技术先进、结构简单、测量精度高、长期稳定性好、成本低、防水性能优越，适用于环境较恶劣的大坝变形监测。

2. 引张线仪测量技术

在直线型坝中用引张线法测量坝体的水平位移，其原理与电容感应式垂线坐标仪相同，区别仅在于测量的方向。因其设备简单、测量方便、测量速度快、精度高、成本低而在我国大坝安全监测中起着很重要的作用。早期安装在坝上的引张线仪，是由人工来测读标尺上的水平位移，随着自动化技术的发展，国内已有步进电机光电跟踪式引张线仪、电容感应式引张线仪、CCD 式引张线仪及电磁感应式引张线仪。但由于引张线装置受环境影响较大，尤其是在线体较长和温度变幅较大的情况下，在北方已被真空激光准直系统所代替；再者就是在采用引张线实现水平位移监测时，要定期检查线体及补充浮液，在应用上受到一定程度的限制。

3. 遥测静力水准仪测量技术

基础沉降、倾斜监测是坝体的重要监测项目。要求测量仪器量程小、精度高、长期测量稳定可靠，国内外在该领域都投入了较大的力量，开发出了技术先进、性能价格比高的产品——静力水准仪。

国内生产的电容感应式静力水准仪是与连通管配合用于测量各测点的垂直位移的仪器。当仪器位置发生垂直位移时，通过采用屏蔽管接地改变电容的感应长度，以达测量的目的。钢弦式静力水准仪的原理是当发生垂直位移时，圆柱形浮体上下移动，通过圆柱体的弦式测力传感器测出浮体上下移动引起的浮力大小的变化而感知测点垂直位移的变化。该仪器测量范围大、测量精度较高、长期稳定性好。

4. 激光准直测量技术

真空激光准直系统，是将三点法激光准直和一套适于大坝变形观测特点的动态软连接真空管道结合起来的系统，又称波带板激光准直。它由发射端设备（用一个激光源）、接收端设备、测点设备、真空管道和真空泵等组成。由于各测点设备均布设在真空管道内，因此不受外界温度、湿度等环境条件的影响，观测精度高，可同时测得大坝的水平位移和垂直位移。真空管道波带板激光准直可进行三维测量，能在恶劣环境下工作，它满足了大坝变形监测及时、迅速、准确的要求。但该设备也有局限性，即激光设备要求用于直线型、可通视环境，一般安装在直线坝的坝面或水平廊道，对于拱坝、曲线坝则无能为力，所以有待于实现激光转角来拓展其应用范围。

5. TCA 自动化全站仪外部监测法

该方法借助先进的 TCA2003 全站仪及 NA3003 电子水准仪强大的自动化数据采集工具，实现从外业数据获取到内业数据处理，结合变形预报分析模型，输出结果一体化、自动化系统，能及时反映被监测体的变形情况及规律，并提出相应对策，确保大坝、岸滑坡体、岸松动体及库区周围地区的异常变形能被及时发现，以便采取相应的措施，确保大坝安全及大坝库区周围地区的安全。

三、GPS 变形监测模式

GPS 以其精度高、速度快、全天候等优点，被广泛应用于大坝的变形监测中。采用 GPS 进行变形监测，目前主要有三种模式：

（1）第一种模式是只用几台 GPS 接收机，人工定期逐点采集数据。这种模式成本低，但不能做到实时监测，无法满足大坝的实时监测要求。该模式的变形监测实例有三峡宝塔滑坡监测。

（2）第二种模式就是在每个监测点上都安置一台 GPS 接收机，实现全自动监测。这种模式可以实现大坝的实时监测，但是成本很高，尤其是当监测点很多时造价高。该模式的变形监测实例有湖北清江隔河岩水电站大坝变形监测，该水电站自动化监测系统总经费超过了 600 万元，除去软件，由于每个变形测点需配备 GPS 接收机，单点费用也在 20 万元以上。因此，该模式购置设备的费用太高，也不是理想的方法。

（3）第三种模式是一机多天线监测。通过使用 GPS 一机多天线控制器，使得 1 台 GPS 接收机能够同时连接多台天线，这样在每个监测点上只需安装天线，不需再安装接收机。10 个乃至 20 多个监测点共用 1 台接收机，整个监测系统的成本将大幅度下降，但同时并没有影响监测的精度。该模式的变形监测在黄河小浪底大坝进行了实验，实验结果非常理想。因此，综合考虑大坝安全监测系统的精度要求和成本，采用 GPS 一机多天线变形监测系统将是一个比较理想的方案，有着广阔的应用前景。

四、GPS 在大坝变形监测中的应用实例

1. 实例一：小浪底水库大坝变形的 GPS 监测

1）工程概况

小浪底水利枢纽工程是一项国家重点工程，它位于河南省洛阳市以北约 40km 的黄河干流上，上距三门峡大坝 130km，是一座以防洪、防凌、减淤为主，兼顾发电、灌溉、供水等综合利用的水利枢纽工程。枢纽由大坝、泄洪排沙建筑物、水电站等组成。大坝为壤土斜心墙堆石坝，最大坝高 154m，总库容 $126.5 \times 10^8 \mathrm{m}^3$，电站装机 6 台，总容量 1 800MW，地下厂房长 250.15m，宽 26.20m。小浪底水利枢纽工程地理位置极为重要，是黄河下游地区的一个关键工程，它具有工程规模巨大、洞室多、地质条件复杂、施工期长等特点。枢纽下游是广大的黄、淮海平原，距焦枝铁路桥 8km，距黄河京广铁路桥 115km。枢纽的安全运行不仅关系到工程自身的安危，也直接关系到黄河下游亿万人民生命、财产的安全。

2）小浪底主坝外部变形观测的设计方案

为了监测主坝的变形情况，在坝顶及上、下游坝坡上共布设了 7 条视准线，工作基点 24 个，表面位移标点 145 个。原设计方案中，工作基点的基准值是由 3 个倒垂装置（03#，15#，44#）配合外部变形观测控制网进行监测的。由于倒垂施工困难，投资过高，量程难以满足变形要求，经专家讨论并经水规院批准取消了倒垂装置，改为常规测量与 GPS 技术相结合的方法，定期检测工作基点的基准值，或者利用 GPS 技术直接测定全部表面标点的水平位移与垂直沉陷位移变化。水平位移及垂直位移观测方法及进度要求均按《土石坝安全检测技术规范》要求执行。

3）小浪底 GPS 变形监测试验基准网设计与实施

（1）基准网设计方案。为了取得高精度的变形观测基准值，引入精确地心坐标，减小由于基准点坐标误差带来的尺度影响，并布设了基准网。变形监测试验基准网由 3 个强制对中装置的观测墩组成，为便于观测、减少造理等费用，选用了小浪底工程一等施工控制网中的 3 个点：P101、P102、P105。

（2）基准网的外业观测。

①仪器设备及观测计划。仪器采用徕卡 350 型 GPS 接收机和 AT303 扼流圈天线，处理软件采用徕卡 GPS 处理软件 SKI 和瑞士伯尔尼大学的 BERNESE 处理软件。在观测前，首先根据小浪底地区的经纬度及大地高，编制卫星可见性预报表及卫星几何图形强度 GDOP 预报表，对作业时段的卫星状况进行预报，确定观测时段。根据预报结果，选取每天 8∶30～16∶30 作为观测时间段，并根据现有 3 套 GPS 接收机，在 3 个站上同时观测 3 个时段，每个时段观测 8h。

②观测数据的处理及结果。

a. 数据处理。先用徕卡 SKI 软件检查处理外业数据，确认数据观测记录正常，不存在严重的周跳和其他异常影响，获取一组基线的概略成果。然后，通过互联网得到伯尔尼大学提供的精密星历和极移信息等数据后，利用伯尔尼软件作进一步的数据处理与分析。

b. 数据解算的起算数据。利用武汉 IGS 跟踪站的坐标及武汉 IGS 跟踪站 GPS 观测数据。用基准网中的 P101 点与武汉跟踪站进行长基线解算，得到 P101 点精确的地心坐标。基准网所有的基线解算均以 P101 点为起算点进行处理。

c. 基线处理结果。采用伯尔尼软件和精密星历进行处理的结果见表 5-1。

表 5-1　　　　　　　　　　基线解算结果表

时段号	P101-P102	P101-P105	P102-P105
017	3791.5558±0.2mm	2580.4503±0.2mm	3121.4822±0.1mm
018	3791.5543±0.2mm	2580.4493±0.2mm	3121.4832±0.2mm
020	3791.5558±0.3mm	2580.4485±0.2mm	3121.4809±0.2mm
均值	3791.5553mm	2580.4494mm	3121.4821mm
σ 均值	0.7mm	0.7mm	0.9mm
ppm	0.2	0.3	0.3

4）小浪底大坝 EL185 围堰变形观测使用 GPS 技术情况

大坝上游围堰是小浪底主坝坝体的组成部分，为土石坝，坝长720m、高60m，是 1998 年度汛的拦水坝。大坝上游围堰于 1998 年 5 月完工，为了研究上游围堰的变形情况，确保工程的顺利施工及安全度汛，在上游围堰布设了一条有 6 个位移标点的视准线进行水平位移监测，同时，在位移标点的底座上埋设了 6 个水准点进行沉陷观测，为了探讨 GPS 短时段技术在小浪底变形观测的应用，在进行常规观测的同时，使用 GPS 对 6 个标点进行同步观测。

（1）大坝 EL185 围堰变形的常规测量。

EL185 视准线有工作基点 27、28 两个，分别布设在两岸山体上，为对其进行定期观测，平面采用 TC2002 全站仪观测，高程采用二等水准联测，以检测其基准值的变化。

大坝 EL185 围堰位移标点水平位移观测，采用 T3000 电子经纬仪按小角法进行观测，每个标点观测 6 个测回。每个星期进行一次观测。沉陷观测采用 Ni002A 水准仪进行观测，以 28 号点为起闭点，形成水准闭合路线，按二等水准进行施测，每星期观测一次。

（2）大坝 EL185 围堰 GPS 观测的实施

EL185 围堰变形监测是以 GPS 试验基准网中点 P101 作为基准点进行观测。考虑到土石坝监测精度要求较低，为了探求在最短的时间内取得较好的测量成果，经过对基准网观测数据开窗处理及参考有关资料，采用 20min 的观测时间进行观测。作业时，一台仪器架设在 P101 点作为参考站，其余两台仪器依次架设在 1、2、3、4、5、6 号标点上观测，每个点重复设站一次，与常规观测同步进行。

基线解算时，采用试验基准网解算得到点 P101 的 WGS84 坐标作为已知坐标进行解算，网平差时，固定 P101 点进行平差。考虑到由坐标转换引起的误差经差分处理后基本可以抵消，同时为了便于同常规观测值进行对比，需要把平差后坐标按一定的参数转换成施工坐标，转换参数采用试验基准网解算所得经典转换参数。

　　试验表明，GPS 观测能满足大坝变形监测的要求，GPS 短时段观测代替常规变形观测的手段是可行的，并具有快速、准确、自动化程度高等优点。

　　2. 实例二：新疆某大型平原水库大坝变形的 GPS 监测

　　该水库属于大型平原水库，位于山前冲洪积扇下部细土平原区，是经四面筑坝围成的典型平原注入式水库，主要由均质土坝、放水（兼放空）涵洞组成，属大型水库。均质土坝由东坝、中坝、西坝、南坝四面封闭而成，坝轴线长 17.676km。水库正常蓄水位 500.00m 时，水面面积 24.25km^2，坝顶高程 503.00m，最大坝高 28m，调节库容 2.47×10^{8}m^3，总库容 2.81×10^{8}m^3。2005 年 7 月大坝全断面填筑至 503.00m 高程，水库主体工程完成。同年，坝体表面变形标点和外围工作基点已经确定，标点类型为强制对中观测墩。

　　1）大坝水平位移监测网的设计

　　（1）大坝变形监测设计和布置。

　　作为大型平原水库，水库大坝布置了 56 个监测断面，210 个坝面变形监测点，中坝每隔 200m 设 1 个观测断面，每个断面设 4 个综合位移观测标点；东、西副坝每隔 300m 设 1 个观测断面，每个断面设 3 个综合位移观测标点。

　　（2）GPS 监测网的设计方案。

　　水库表面变形水平位移监测网按基准点（4 点）、工作基点（13 点）、变形监测点（210 点）三级布网。

　　由于水库坝体长，按基准网和工作基点网整体平差，而测点监测网呈条带状不利获取高精度的平差值，因此，变形监测网分为东坝、西坝、中坝，中坝又分为两弧段和直线段，对各段分区独立平差，但相邻段之间至少有 2 个以上公共点连接。当同名公共点距离差小于等于±3.0mm 时，取中数作为最终值。通过大区域采用三级 GPS 平面控制网，逐级组网采用静态测量法观测，可缩短观测边长，采用多台机组网增加观测条件，有效地减少相对边长比例误差的影响，最大限度地提高测量精度，变形点解算精度成果相对工作基点的中误差能达到小于±3mm，静态测量法完全能满足大坝变形监测的要求。

（3）实测前的准备工作。

为实现测绘资料的延续性和一致性，必须建立与施工控制网一致的坐标系统。该系统的建立起始于水库施工设计阶段建立的C级GPS控制点，通过GPS联测将坐标方位传递至水平位移变形监测网基准点B001和B002上，并以B001为起始坐标，以B001至B002为起始方位，将平面坐标传递至测区各级点上，获取各点的1954年北京坐标系。水平位移监测网观测，采用标称精度不低于5+1ppm的8~12台GPS接收机静态观测。实测前，对GPS接收机进行了全面的检验，检测的内容包括一般性检视、通电检验和实测检验，具体的经验方法参照《全球定位系统GPS测量规范》（B/T1814—2001）执行。

2）三级GPS监测网的数据处理及平差解算

（1）B级GPS网数据处理及平差解算。

B级GPS网观测数据采用美国麻省理工学院（MIT）的GAMIT/GLOBK10.06科学软件解算平差。先以单日为单位（24h为一个单日时段），选择参考框架为ITRF2000框架，星历采用IGS精密星历（SP3格式），后通过互联网从有关的IGS数据中获取10个IGS站观测数据及GPS数据处理所必需的资料（包括精密星历、全球H文件解、最新的各种历表）。建立LC-HELP解算模式，解算模式采取松弛（RELAX）解。获取基线解的D文件和H文件（基线信息文件）后，进行网平差，由GLOBK求整体解，以IGS核心站为参考站建立地域参考框架，获取平差后的各基线边，经投影转换为抵偿高程面上的高斯平面边长，再以B001点为起始点，以B001至B002为起始方向，采用威远图软件进行平差，获取测区各基准点平面独立坐标系中的坐标，坐标最终取位0.001m。在ITRF框架下B级网边长相对精度及转换为独立坐标系点位精度统计见表5-2。

表 5-2　　　**B 级网边长相对精度及转换为独立坐标系点位精度统计表**

项目	B001—B002	B001—B003	B001—B004	B002—B003	B002—B004	B003—B004
边长相对精度	1/135 万	1/220 万	1/117 万	1/845 万	1/704 万	1/1296 万
点位中误差	B001		B002		B003	B004
（mm）	0.000		0.000		0.00102	0.00080

（2）C 级 GPS 网数据处理及平差解算。

C 级监测网观测数据下载因仪器类型不同，采用其随机软件下载后统一转换为 RINEX 数据文件，转换后的数据完整，无丢失现象。平差解算采用南方商用软件 South GPS Processor V4.0、中海达 HDS2003 数据处理软件计算。解算中采用了双差固定解，基线解前，首先对卫星信号整周跳进行修复，对由于外界干扰造成的卫星信号进行连接或剔除。C 级网平差采取统一网平差，坐标最终取位 0.001m。有关 C 级 GPS 网点位精度统计见表 5-3。

表 5-3　　　　　　　**C 级 GPS 网点位精度统计表**　　　　（单位：mm）

点号	d_x	允许	d_y	允许	中误差
C001	±0.4090	±3.00	±0.4350	±3.00	±0.5970
C002	±0.5110	±3.00	±0.5230	±3.00	±0.7310
C003	±0.5470	±3.00	±0.5840	±3.00	±0.8000
C004	±1.2670	±3.00	±1.1460	±3.00	±1.7090
C005	±0.4730	±3.00	±0.4840	±3.00	±0.6770
C006	±0.4750	±3.00	±0.4810	±3.00	±0.6770
C007	±0.6460	±3.00	±0.5790	±3.00	±0.8670
C008	±1.1770	±3.00	±1.0080	±3.00	±1.5490
C009	±0.5600	±3.00	±0.5190	±3.00	±0.7640
C010	±0.7400	±3.00	±0.6750	±3.00	±1.0020
C011	±0.5510	±3.00	±0.5800	±3.00	±0.8000
C012	±0.5440	±3.00	±0.5650	±3.00	±0.7840
C013	±0.5590	±3.00	±0.5950	±3.00	±0.8160

（3）D 级 GPS 网数据处理及平差解算。

在获取 GPS 接收机下载数据后，将不同格式的 GPS 观测数据首先转换为 RINEX 数据文件，然后进行数据整理合并，由于变形监测网较大，数据的解算、平差分别采用南方商用软件 South GPS Processor V4.0、中海达 HDS2003 数据处理软件计算。基线解算时，首先对周跳逐个修复，对周跳难以修复的按历元进行必要的剔除，剔除率小于 5%。然后，择优选择复测基线进行 WGS-84 下的单点无约束自由网平差。在 WGS-84 下自由网平差时，依据不同的网形，先进行平差方法选择，获取最优平差结果，后进行数据合并分段平差。在获取 WGS-84 合格平差报告后，进行二维转换，坐标最终取位 0.001m。其有关 D 级 GPS 变形监测点网精度统计见表 5-4。

表 5-4　　　　　　**D 级 GPS 变形监测点网精度统计表**　　（单位：mm）

项目	D_x			D_y			中误差		
	$0 \leqslant w \leqslant 1$	$1 \leqslant w \leqslant 2$	$2 \leqslant w \leqslant 3$	$0 \leqslant w \leqslant 1$	$1 \leqslant w \leqslant 2$	$2 \leqslant w \leqslant 3$	$0 \leqslant w \leqslant 1$	$1 \leqslant w \leqslant 2$	$2 \leqslant w \leqslant 3$
点数	159	29	24	170	29	24	143	34	35
比例	75%	13.67%	11.3%	75%	13.6%	11.3%	67%	16.5%	16.5%

3）监测成果分析

坝面横向水平位移各次监测结果主要表现为整体向库内或库外位移，累计位移值不大，横向位移较大的部位也主要分布在中坝直线坝段。图 5-1 为水库蓄水过程线，图 5-2～图 5-4 为中坝直线段 1km 范围内坝顶上游、坝顶下游和坝后坡马道处横向水平位移过程线。从图中可以看出，库水位在 480～483m 时，坝体横向位移很小；库水位在 483～487m 时，坝体开始向库内侧位移；库水位在 487～497m 时，坝体开始在 1 年时间内迅速向库外侧位移，之后位移速度明显趋缓。最大横向水平位移测点为 Z213（中坝 3+801 断面上游侧坝顶测点），累计位移值为+106mm（向库外侧）。

就总体趋势而言，随水库蓄水水位增高，横向水平位移增大较快，坝体逐渐由向库内位移转变为向库外位移。不同部位测点的变

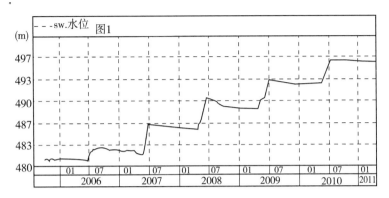

图 5-1　水库蓄水过程线

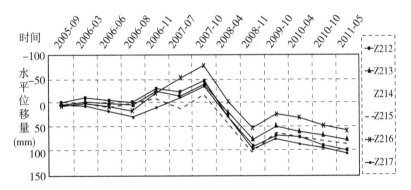

图 5-2　中坝面迎水坡水平位移过程线图

化值与水库蓄水有比较好的对应关系。坝面水平位移较大的部位，竖向位移通常也较大。由于是平原水库，水平位移的分布规律没有山区水库的明显，但也呈现出一定的规律性，受蓄水过程影响，坝面总体向下游、向坝中方向位移，累计水平位移量不大。

该水库采用 GPS 全面布网监测大坝变形，可有效减少工作量、工作时间和技术力量的投入。水平位移监测采用三级布网、三套坐标系统，首次将虚拟坝轴线坐标系应用于大型平原水库的变形监测，获得符合水利规范和要求的变形监测成果，充分发挥了 GPS 测量技术具有不受地形和建筑物遮挡限制，适应性广、监测速度

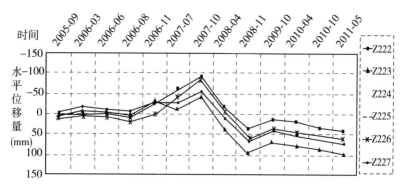

图 5-3　中坝面背水坡水平位移过程线图

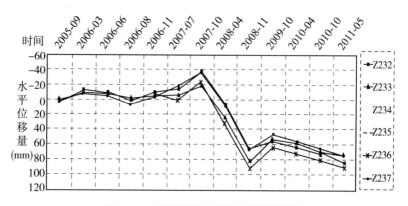

图 5-4　中坝面马道水平位移过程线图

快、操作简便等特点的优势，是 GPS 测量技术在新疆大型平原水库的一次成功应用，且精度能满足大坝变形监测要求，促进了高新测量技术在大坝监测上的发展与应用。

五、GPS 在大坝位移监测中的应用

将 GPS 技术应用于大坝位移监测，可以解决其他监测手段所不能解决的一些难题，具有重要的理论意义和实用前景。

1. GPS 大坝位移监测的基本原理

基于 GPS 的大坝位移监测系统主要包括空间星座、地面监控和大坝监测用户设备三部分。其中，空间星座和地面监控部分是用户应用该系统进行定位的基础，由美国控制的全球卫星定位系统提供，大坝监测用户设备由用户开发。

GPS 的空间星座部分由均匀分布在 6 个轨道平面内的 24 颗卫星组成。地面监控部分主要由分布在全球的 5 个地面站组成，包括卫星检测站、主控站和信息注入站。GPS 的大坝位移监测用户设备部分主要由 GPS 数据采集系统、数据传输系统和数据处理系统构成。数据采集系统包括 GPS 基准站和 GPS 监测站。基准站用于改正 GPS 监测站的 GPS 信号误差；监测站用于接收 GPS 卫星定位信号，以确定监测点位置的三维坐标。数据传输系统分为有线传输和无线传输，有线传输主要用于 GPS 监测站与总控中心的数据传输，无线传输主要用于 GPS 基准站与总控中心的数据传输。数据处理系统由总控软件、数据自动处理软件、数据管理软件以及大坝安全分析软件等构成。GPS 大坝位移监测点的定位主要有绝对定位和相对定位。绝对定位的精度一般较低，因此，在 GPS 大坝位移监测中，应采用相对定位。

GPS 相对定位是用两台 GPS 接收机分别安置在基线的两端，并同步观测相同的 GPS 卫星，以确定基线端点在协议地球坐标系中的相对位置或基线相量。这种方法可以推广到多台接收机安置在若干基线的端点，通过同步观测 GPS 卫星以确定多条基线相量的情况。

2. 隔河岩大坝 GPS 变形监测系统

由清江水电开发有限责任公司和武汉大学联合开发的"清江隔河岩大坝外观变形 GPS 自动化监测系统研究"项目是我国最早将 GPS 技术应用于大坝安全监测的实例之一。该系统由数据采集、数据传输和数据处理三部分组成。

数据采集部分由 7 台 Astech Z-12 双频 GPS 接收机组成，其中 2 台分别安置在大坝下游两岸基岩上，作为基准点，且与坝区变形监测网联测；5 台安置在大坝坝顶，作为监测点。

数据传输部分中的基准点数据采用微波扩频无线通信技术，将数据传输至控制中心服务器；监测点数据采用智能多串口卡和光隔离器进行数据采集和传输，并通过光纤传输至控制中心服务器。

数据处理部分包括总控、数据处理、数据分析和数据管理模块。总控模块负责整个系统的数据传输控制、7台GPS接收机状态监视和控制、数据分送等工作；数据处理模块负责系统数据格式转换、数据自动清理、基线向量解算、网平差计算、坐标转换、成果输出及精度评定等工作；数据分析模块负责位移参数精度和灵敏度分析、基准稳定性分析、位移时序及频谱分析等工作；数据管理模块负责数据压缩、进库、存储、报表等工作。系统开发了4个子系统软件，即：自动数据处理软件、系统监控软件、形变分析软件和数据库软件。

该系统利用改进的广播星历或精密预报星历及6h双频GPS观测值求得的监测点水平位移及垂直位移（相对于基准点）的精度优于1.0mm，汛期可提供1h解或2h解，精度优于1.5mm，满足相关规范要求。

系统具有实时化和自动化的特点。7个监测点的观测资料处理工作在10min内完成，坐标转换、形变分析、显示、报警、存储等工作在5min内完成，系统响应时间小于15min。

1998年长江流域特大洪水期间，隔河岩大坝拦蓄清江洪水，避免了清江洪峰与长江洪峰的遭遇。该系统在此次防洪决策调度中起到了关键作用，产生了显著的社会效益和经济效益。

第三节　GIS在大坝安全监测中的应用

大坝安全监控的主要目的是依据布置在水利枢纽中各部位的大量监测仪器设备所产生的时序数据，通过对获取的监测资料的整理、计算、分析，来监控大坝的安全状态，保障其安全运行。另外，还可以此来验证设计准则，指导施工过程，为科研提供必要的资料。大坝安全监测项目众多、数据量大，监测部位从地下到建筑物内部，形成复杂的空间监测网。传统的人工监测正在逐渐被具有精度高、速度快、可任意加密测次等优点的自动化监测系统所取代，GPS监测技术正以其全天候监测及实时传输等优势在大坝安全监测中得到广泛应用。多种大坝安全监测的大量监测数据需要立即送往数据处理中心进行整理分析，以便及时了解大坝运行的安全状况，作为水库运行调度的依据。在大坝安全监控中，通常采用单测点数学模型，即将经过平差后的监测数据按时间顺序输出，用数学方法得到测点依时间变化的曲线，并对监测量进行预报和稳定性分析。单测点模型虽然能反映测值与荷载随时间的变化规律，但不能反映测值在空间上的分布关系。另外，由于影响大坝安全的因素众多，各因素间关系复杂，常规方法分析周期长，并且得到的结果也不直观、整体表述性不强，很难被理解，不能满足大坝安全监控管理的实时性需求。随着大坝自动化监测技术的发展，监测得到的数据量巨大，用常规方法分析处理如此庞大的海量数据是不现实的。而 GIS 作为获取、整理、分析和管理地理空间数据的重要工具，由于其强大的数据管理、地理信息空间分析和可视化显示功能，近年来得到了广泛关注和迅猛发展，它对多种来源的数据按空间坐标进行管理、查询与检索，通过空间分析、力学分析、地学分析与相关分析、模拟、预测等方法，对空间信息进行处理与分析，为大坝安全监测提供多层次、多功能的信息服务。因此，将 GIS 技术应用到大坝安全监测中，对大坝实行在线监测与安全评价、提高对大坝安全监控的能力与水平具有重要意义。

将 GIS 技术应用到大坝安全监控中，实现实时数据采集、空间数据管理、监测数据分析处理、分析结果的可视化显示以及辅助决策等功能。基于 GIS 的大坝安全监控系统模块化结构如图 5-5 所示。

一、数据库设计

基于 GIS 的大坝安全监控系统的数据库主要包括基础数据库和监测数据库两部分。基础数据库主要包括大坝坝体空间结构信息、坝区地形地质数据、水文水资源信息以及监测仪器空间信息等，它是一个空间数据库，存储图形数据和属性数据。监测数据库主要包括大坝内各种监测仪器所监测的数据。按监测项目，可以分为气温水位监测、垂线监测、水准监测、渗流渗压监测、应力应变监测等。大坝内的监测仪器除了具有空间和属性信息外，还具有时间信

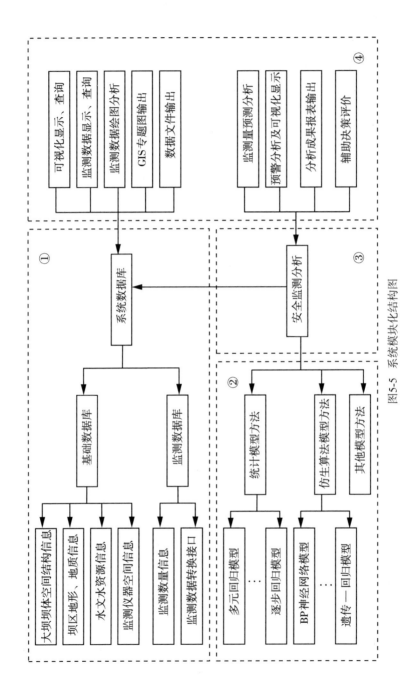

图5-5　系统模块化结构图

息。在基础数据库中存储的监测仪器只具有空间和属性信息，但是可以通过监测仪器的 ID 号连接监测数据库中相同 ID 号监测仪器所监测的数据，即可形成监测仪器的时空特性，如图 5-6 所示。所以，由基础数据库和监测数据库组成的系统数据库也是一个时空数据库，用于描述某一时刻监测仪器的空间状态。

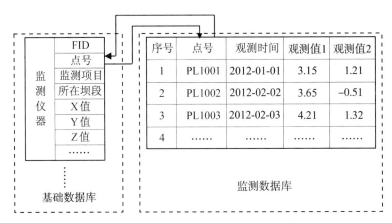

图 5-6　基础数据库与监测数据库间的关系

二、大坝空间数据的表达

空间数据主要包括工程所在区域的行政区域图、道路图、水系图、坝区地形、坝体结构、监测仪器等。根据空间数据结构的类型，可将数据分为栅格数据和矢量数据。地形信息可以用不规则三角网（TIN）或栅格数据形式来表示。由于 GIS 中简单的矢量数据结构只包括点、线和多边形，不包括体对象，所以可以采用空间面片来表示各个坝段的表面。

三、监测数据的分析

1. 物理推断分析

对于不同的监测量，利用原型监测资料，通过物理推断来建立效应量和影响量之间的关系。例如，混凝土坝体的水平位移主要受

水压力、扬压力、泥沙压力、温度以及时效因素等影响，即有

$$\delta = \delta_H + \delta_T + \delta_\theta \qquad (5\text{-}1)$$

其中，δ_H 为水压分量；δ_T 为温度分量；δ_θ 为时效分量。

2. 统计学模型

统计学模型具有建模简单、使用方便、收敛速度快等特点，是大坝原型观测数据分析的常用方法，但其拟合精度与选取的因变量密切相关，所以应尽量选取对因变量影响显著的因子。例如，混凝土坝体的水平位移主要由水压分量、温度分量和时效分量等组成，其中水压分量主要与坝前水位有关，可表示为下式：

$$\delta_H = a_1 H + a_2 H^2 + a_3 H^3 \qquad (5\text{-}2)$$

其中，H 为水头；a_1，a_2，a_3 为系数。

温度分量由坝体和地基的变温引起，在只有气温资料的情况下，可以采用多种谐波组合，即

$$\delta_r = \sum_{i=1}^{2} \left[b_{1i} \sin\left[\frac{2\pi_{it}}{365}\right] + b_{2i} \cos\left[\frac{2\pi_t}{365}\right] \right]$$

$$= b_{11} \sin\left[\frac{2\pi_t}{365}\right] + b_{21} \cos\left[\frac{2\pi_t}{365}\right] + b_{12} \sin\left[\frac{4\pi_t}{365}\right] + b_{22} \cos\left[\frac{4\pi_t}{365}\right]$$

$$(5\text{-}3)$$

时效分量是由混凝土和基岩的徐变、塑性变形以及基岩地质构造的压缩变形等因素引起，它的变化规律为初期急剧，后期渐趋稳定。时效分量的数学模型主要有：①$\sigma_\theta = c_1\theta$；②$\delta_\theta = c_2\ln\theta$；③$\delta_\theta = c_2/\theta$；④$\delta_\theta = c_2\theta^{1/2}$，其中，$\theta$ 为时间，以月为单位，自水库蓄水开始计算；c_1，c_2 为系数。

当观测资料不包括荷载发生的极值或观测资料系列较短时，统计学模型将很难用于监测和预报。

3. 人工神经网络模型

人工神经网络模型具有较好的非线性映射能力。由于大坝受环境和荷载等作用非常复杂、影响因素诸多，内在因素有地质条件高度非线性、筑坝材料各向异性等，外在因素有水荷载、降雨量非恒定性等，这些内外因素相互耦合作用使得效应量与因变量之间的关系表现出极强的非线性特征。根据人工神经网络的自组织、自适

应、自学习的非线性映射能力，对大坝观测数据建立神经网络模型，可得到较高的拟合精度和预测精度。目前，神经网络的种类主要有感知器神经网络、BP 神经网络、径向基神经网络、自组织网络、反馈网络等。其中，BP 神经网络是基于误差反向传播算法的多层前向网络，也是一种目前应用非常广泛的神经网络。在大坝安全监测分析中，可采用三层 BP 神经网络，即输入层、中间层和输出层。输入层节点数与因变量数目有关，输出层节点数与影响的效应量数目有关。选择合适的因变量、隐含层节点数、层间传递函数和学习函数等，可以提高网络的收敛速度和拟合精度。

四、可视化显示及查询和分析

借助 GIS 平台，采用组件式开发的方式，可以实现结果的可视化显示和查询、分析，根据实际需求和采用的方法，可分为坝区的二维地理信息系统和三维地理信息系统。在二维地理信息系统中，实现地图的放大、缩小、平移、数据信息的加载以及监测仪器、坝段等地物的空间位置查询、属性信息查询、监测数据查询、测量距离、面积和绘制剖面图等功能。三维地理信息系统中除了具有基本的三维场景浏览功能外，还具有监测仪器、坝段以及坝段剖面等地物的三维查询功能，同时，还可以实现等高线的生成、三维场景动画的演示和输出等功能。例如，通过点击坝段或输入坝段值即可查询该坝段的属性信息，同时显示该坝段的剖面图以及该坝段中的监测仪器。

利用 GIS 技术强大的空间分析、空间数据管理能力和可视化技术等优势，结合大坝安全监控理论知识，可以建立一套集监测数据查询、分析、可视化于一体的信息管理系统，对提高大坝安全监控管理和大坝安全评价具有重要的意义。

第六章　3S 技术在灌区信息化中的应用

随着计算机技术和网络技术的发展，水利行业对信息的依赖程度越来越高，灌区作为水利行业的重要组成部分，置身于信息化浪潮之中。要实现灌区的现代化，必须借助现代化的技术、应用信息技术、计算机技术、人工智能、地理信息系统等技术，建立与灌区管理模式相配套的管理系统，从根本上解决灌区管理落后的问题。灌区现代化是社会现代化和水利现代化的综合体现，是一个复杂的长期过程。这一过程的实质，就是人们充分利用现代化的科学技术，不断适应国民经济和社会发展的需要，从而达到水资源高效利用和灌区可持续发展的目标。

第一节　灌区信息化研究现状

一、国外研究现状

目前，国外发达国家在灌区管理中普遍采用了遥感遥测技术、网络技术、数据通信技术、计算机技术、系统工程技术、地理信息系统技术、自动控制等技术，实现了集信息采集—处理—决策—信息反馈—监控为一体的优化调度，实现水资源的合理配置和灌溉系统的优化管理。主要表现在以下几个方面：

（1）灌区基础数据的采集、处理和存储水平高。

西方发达国家灌区管理部门对灌区基础数据的收集和处理比较重视，灌区渠系、闸门、水文站、用水户等的数据一般都由计算机管理，并存储在文件或数据库中。

（2）灌溉系统的自动化程度高。

国外灌溉系统的自动化程度总的来说比较高。美国垦务局将自动控制技术应用于灌区配水调度，将配水效率由80%提高到96%。以色列灌溉农田都采用了喷、滴灌等现代灌溉技术和自动控制技术，灌溉水平均利用率达90%。日本灌区的水管理普遍采用计算机及自动控制等现代技术，日本20世纪80年代初新建或改建的灌区，大多从渠首到各分水点都安装有遥测、遥控装置，中央管理所集中监测并发布指令，遥控闸门、水泵的启闭，进行分水和配水。

从20世纪90年代开始，澳大利亚的两个典型灌区古尔本-墨累灌区（Goulburn-Murray Water）和墨累灌区（Murray Irrigation Limited）在进行更新改造后，实现了灌区管理的现代化，其主要特点是：用水户通过电话进行用水申请，所有申请数据直接进入计算机调度中心，调度中心根据各水源的情况进行调度和配水；灌区的各种空间信息，如作物种植情况、水源分布情况、工程情况、降雨情况、土壤情况以及用水量等，通过遥感影像等技术获取，并通过地理信息系统平台进行管理；所有用水户的取水口门都有量水设施；水库及骨干渠道的水位流量通过SCADA（Supervisory Control and Data Acquisition）系统进行监控。实行动态水价，通过地理信息系统建立所有工程设施的数据库及其管理系统，根据各工程的老化状况随时进行水价的核算和调整。

（3）灌区灌溉管理应用软件系统的标准化和通用程度好。

发达国家在灌区灌溉管理所需要软件的标准化和通用程度方面做得比较好，开发了一批用于灌区灌溉管理的通用软件。Tedorovic等（2000）应用ArcView软件，在用Avenue语言进行二次开发的基础上，开发出了意大利南部Apulia灌区灌溉管理系统，该系统划分了灌溉需水和缺水区域，根据不同作物种植方式、气候条件（丰枯年份）、灌溉方式、灌溉水量和水系分布等特征来估算灌溉需水，并考虑了GIS数据库的扩展和灌溉方案的改进。Heinemann等（2002）在巴西Tibagi河谷采用包含作物模型的空间应用系统计算工具来确定该地区主要作物的灌溉需水、年径流和年溶氮量，并用计算结果对当地的环境影响做出评价，同时证明了作物模拟模型与GIS结合应用是一项重要的决策手段。

国际粮农组织（FAO）组织开发的 CROPWAT 系统可以帮助农业气象学家、农艺学家和灌溉工程师制定灌溉计划，提交灌区规划。该软件有一个庞大的气象数据库 CLIMWAT，CLIMWAT 是国际粮农组织为配合 CROPWAT 使用而专门开发的数据库，它包含了由 144 个国家 3262 个气象站收集而来的气象资料。同时，国际粮农组织为了推进灌溉计划的管理，开发了灌溉计划管理信息系统（SIMIS，Scheme Irrigation Management Information System），该系统是一个通用的、模块化的系统，具有适用性好、多语言（英、法、西）和简单易用的特点。系统除了处理有关水的问题以外，还覆盖了灌区日常管理活动的很多方面，如控制维护、结算、水费和其他相关的任务。澳大利亚农业产量研究机构（APSRU）研究开发了 APSIM 系统，该系统通过一系列互相独立的模块（如生物模块、环境模块、管理模块等）来表现被模拟的灌溉系统，这些模块之间通过一个通信框架（也称为引擎）进行连接。美国佛罗里达大学针对佛罗里达州的农业特点，开发了 AFSIRS 系统，用户使用该系统，可以根据作物类型、土壤情况、灌溉系统、生长季节、气候条件和管理方式等诸多变量，估算出研究区域的灌溉需水量。该系统收集了佛罗里达州 9 个气象观测站的长期观测资料，比较全面地反映了佛罗里达州的气象条件，在佛罗里达州得到了广泛的应用。

二、国内研究现状

我国的灌区信息化建设起步较晚，但发展速度很快。特别是 2002 年以来，根据水利部农水司［2002］09 号《关于开展大型灌区信息化建设试点工作的通知》，全国各省市自治区选定了少量灌区开展了信息化试点的规划设计工作，使灌区信息化建设走上了正规化道路。灌区信息化建设的目标是建立一个以信息采集系统为基础、以高速安全可靠的计算机网络为手段、以 3S 技术和决策支持系统为核心的现代化灌区管理系统，其最终目标是通过信息采集、传输、处理水平的提高，提高灌区管理水平，使灌区水资源得到优化配置，促进灌区"节水、增效、改善生态"。目前，在全国大型灌区进行了一些试点，比较典型的例子有黑龙江灌溉信息网、广西龟石灌区、四川都江堰外江灌区、河南省南阳市的鸭河口灌区等，试点灌区信息化建设取得了一些成果。

同时，我国的许多专家和学者也在灌区的信息化建设方面做了很多工作。李亚卿等（2000）首先对 GIS 技术在灌溉管理中的应用作了探讨研究，将 GIS 软件应用在南阳市鸭河口灌区的灌溉管理中，认为 GIS 能够科学预测灌区用水需求、优化水资源配置，对于实现适时、适量灌溉，节约水资源有重要意义。黎晓等（2001）针对灌区用水管理技术水平落后及灌溉水利用率低等状况，提出了基于 GIS 的灌区管理信息系统模型、功能组成、系统软硬件组成和系统设计流程，其中有三类：①预测模型（供水总量预测、需水总量预测、供需平衡预测）；②优化配置模型；③规划与环境评价模型。卢麾等（2002）提出了基于遗传算法优化模型和 GIS 技术的灌溉决策支持系统，该系统由灌区信息管理模块、田间灌溉模拟模块、优化配水模块和 GIS 模块等组成，通过遗传算法对灌区作物种植比例、配水进行优化，具有一定的智能性、通用性和可扩展性，界面友好，易于操作。王玉宝等（2003）结合工程实例，阐述了 GIS 的具体应用方法，认为 GIS 能够真正实现实时、适量的科学灌溉，同时，GIS 系统与通信网络、数据采集系统、灌溉管理专家系统等的联合应用，可以促进灌区管理的信息化、自动化和智能化。杨国范等（2003）对灌区管理地理信息系统的数据采集输入、属性数据库建立及 GIS 开发方式等进行了研究，用智能数据采集技术、Visual Basic 6.0、Geomedia professional 3.0 和 Geostar 提供的 GIS 集成二次开发组件 GeoMap，建立灌区管理地理信息系统。张汉松等（2003）将网格 GIS 应用在大型灌区信息化建设中，提出灌区网格 GIS 概念，建立灌区网格 GIS 系统框架，包括灌区 GIS 数据标准、规范与共享，空间数据库群和业务数据库群集成管理。系统功能有信息查询、统计、空间分析以及制定灌区规划等。陈兴等（2003）提出了基于 MapX 的灌区地理信息系统，并通过一大型自流灌区，论述其开发的设计思想、开发过程及关键技术。陈玲等（2003）研究了基于 MapObjects 的地理信息系统二次开发及其与灌区管理模型的集成，采用的集成方式在漳河灌区进行了初步应用，

GIS 提供模型计算所需要的空间数据，在模型模拟过程中动态显示时空演化过程。王文川等（2004）根据 GIS 的功能特点，结合优化配水调度模型，建立灌区灌溉水资源用水管理模型，并结合工程实例，阐述了 GIS 的具体应用方法，认为 GIS 能够预测灌区用水需求、优化水资源配置，提高灌区水资源利用效率，实现实时、适量的科学灌溉。崔琰（2004）认为，利用 GIS 工具管理灌溉用水，是实现农业高效用水的重要措施之一，精确充足的空间数据是支撑 GIS 的基础，以开发陕西省冯家山灌区灌溉信息空间数据库为例，介绍了基于 MapX 组件的空间数据库的建立与关联技术，并对在灌区管理工作中运用 GIS 技术进行了有益的探讨。陆桂明（2005）把地理信息系统引入到了石津灌区应用管理中，建立了系统的分层结构模型以及系统整体功能，其中，利用地理信息系统软件 MapInfo 6.5 作为开发平台，以 MapX 4.5、Delphi 6.0 作为二次开发工具，建立了一套完整的水情监控、渠道信息及配水管理系统，为灌区管理创造了良好的环境。段雪辉（2006）把 WebGIS 技术应用到了汾河的灌区管理中，提高了灌区自动化管理水平和水资源的利用率，使决策建立在及时、准确、可靠的信息基础之上，真正实现了灌区水利信息资源共享，能够及时、准确地发布信息，为社会服务。孟爽等（2006）在 VC #. NET 环境下，基于 ArcGIS Engine 组件开发的灌区管理信息系统，以灌区内的图形、图像数据为基础，在灌区平面图的基础上管理灌区内的各种信息，将空间数据与属性数据相结合，专业模型与 GIS 相结合，使系统操作更加方便，功能更加强大。王丽学等（2006）将 GIS 引入到东港灌区的信息化管理中，利用 AO（Arc Objects）组件开发专业化的地理信息系统，用 GeoDatabse 建立空间数据库，通过 ArcSDE（空间数据引擎）对数据库的数据进行访问，实现了多用户对同一数据进行操作，较早地把 GeoDatabse 空间数据库技术引入到灌区的信息化管理中。周鹏等（2007）在都江堰灌区初步建立了一个 GIS 支持下的信息管理系统，该系统以 Windows 2000 计算机操作系统为软件开发的基础，采用 SQLServer 2000 作为后台数据库管理软件；以 Arc/ Info8.0 为其图形显示平台，图形操作（如矢量化、图层处理、显示等）均在该平台上进行；前台应用程序应用 VB 语言和 Arc/ Info8.0 模块结合进行二次开发。实现了对各类基本信息的综合管理、查询与分析，并在此基础上结合闸门控制系统，完成了调水子系统初步模型。齐同军等（2007）设计了织女星灌区地理信息系统，该系统采用了业务实体表的元表来管理灌区业务实体的属性信息，提供了业务实体信息的注册机制。当系统需要扩充灌区业务时，只需要在表中添加更改业务实体对应的内容，就可以直接运行，不需要修改程序，系统具有一定的通用性。

水利信息化是水利现代化的基础和重要标志，灌区信息化也是灌区现代化的基础和重要标志。灌溉在农业生产服务中发挥着重要的作用，要实现农业的现代化就必须实现灌区的现代化。管理出效益，要充分发挥灌区的作用，管理是关键。灌区现代化要实现灌区管理所需的水情、农作物、工情等信息的采集、传输、存储、处理与分析的现代化和自动化。

第二节　应用实例1：河南省白沙灌区地理信息系统

一、灌区概况

河南省白沙灌区是我国在淮河流域最早兴建的大型灌区之一，水源为白沙水库。灌区位于河南省禹州市和许昌县，包括大部分平原和部分岗地。灌区属淮河水系中的颍河流域，颍河为常年性河流。南、北干渠于 1951 年开始勘测设计，1954 年开工，1955 年建成；东干渠于 1958 年开始兴建，1963 年建成；新北干渠于 1976 年开始兴建，1990 年建成。灌区有南、北、东、新北干 4 条干渠，总长 99.25km；支渠 8 条，总长 49.56km；斗渠 143 条，总长 229km。灌区设计灌溉面积30.3 万亩，有效灌溉面积20.415 万亩，设计总引水流量40.25m³/s。灌区属暖温带半干旱季风气候区，根据近 50 年来的统计资料，灌区内年平均降雨量 668.9mm，年最大降雨量为 1078.7mm（1964 年），年最小降雨量 429.1mm（1960 年），除年际变化大外，降雨年内季节分配也极不均匀。由于降水量小且年内分配又不均匀，故灌区作物经常受干旱的威胁，干旱是本区农作物的主要灾害之一。白沙灌区灌溉禹州市和许昌县的17个乡（镇、办）、292个行政村、1591个村民组。灌区总人口41.8万人，其中农业人口35.5万人。白沙灌区是禹州市和许昌县的主要产粮区，农作物品种主要有小麦、玉米、烟叶、红薯、大豆、油菜等，复种指数1.7。灌区建成后，农业增产十分显著，粮食作物平均每亩年产量由开灌前1954年的155kg，逐年增加到近年来的671kg，2002年的灌区粮食总产量为$1.76×10^8$kg。

白沙灌区开灌50多年来，不仅解决了灌区用水问题，而且在抗御自然灾害，保障灌区农业连年稳产，促进禹州经济的发展中起到了非常重要的作用。白沙灌区已运行50多年，老化、损坏十分严重，尤其是斗、农渠工程，输水能力仅为设计的65%，灌溉水利用系数仅为0.25。虽然白沙灌区每年也拿出一部分资金用于工程维修，但工程老化失修十分严重，斗、农渠恢复配套的速度落后于工程老化速度。目前，灌区的管理方式同国内大型灌区的现代化管理相比，还有一定差距，特别是在信息化和自动化方面还有较大差距。传统的管理方式无法实现对各类资料信息的有效管理、维护，也无法做到信息共享，这不仅影响到灌区管理水平的提高，而且各级水利行业主管部门也难以做到及时、准确地掌握灌区及行业发展的状况和变化趋势。因此，白沙灌区需要进行信息化建设来提高管理水平，使今后的一系列工作变得规范和高效。

二、建设目标

白沙灌区的信息化建设是在充分了解灌区实际工作需要的基础上，深入分析了国内外灌区管理的现状，确定符合白沙灌区管理工作的方案，制定出白沙灌区信息管理系统的总体结构和功能，按照信息系统理论和软件工程方法，综合采用地理信息，数据库等技术，开发出灌区管理信息系统，实现对灌区的基本情况、统计资料、空间信息、相关报表等数据进行查询和分析，为灌区管理人员进行科学决策与管理提供依据。

三、系统总体设计

1. 系统目标

系统利用计算机信息系统在数据存储、处理、计算、修改、输出上的便利性，提高白沙灌区管理工作的效率和准确度。系统以先进的构件式 GIS（COM GIS）为基础，利用面向对象的编程语言（Visual Basic 6.0）和地理信息系统组件（MapObjects）开发基于 Windows 平台的、适合于河南省白沙灌区管理局日常管理的地理信息系统，信息系统的数据库是 Access 数据库，能处理的数据包括图形、表格、文字等多种不同类型的数据。系统成为一套具有长期性、稳定性的应用系统，且可能在此基础上进一步增加空间分析、决策支持等更为高级的功能。

2. 总体结构设计

系统总体结构设计是要根据系统分析的要求和组织的实际情况对系统的总体结构形式和可利用的资源进行设计。河南省白沙灌区管理信息系统总体结构图如图 6-1 所示。

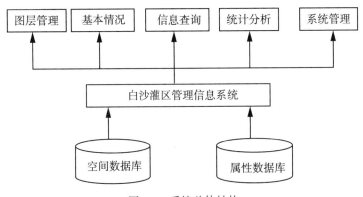

图 6-1　系统总体结构

由图 6-1 可以看出，该系统具有对图层进行放大、缩小、漫游等基础地理信息操作功能；对灌区的基本情况、工程情况以及其他

179

数据进行录入、维护、生成报表、打印、数据备份等功能；能实现信息的点击查询，模糊查询和组合查询等功能；能对所需的信息以统计图的形式直观显示出来；能实现数据的备份和恢复等功能。系统的应用将大大促进灌区管理工作的科学化、规范化和合理化。

3. 技术路线

地图数据主要来源为 1∶50000 白沙灌区工程图，工程图是 AutoCAD 格式，而白沙行政区划地图是扫描后的栅格地图，生产矢量地图的方式有所不同，所以采用在 AutoCAD 中处理并在 ArcGIS 中输出 shapefile 格式图层文件。系统使用 Shapefile 文件作为空间数据的存储文件格式，所有属性数据统一存储在 Access 关系数据库之中，具体技术路线如下：

（1）收集与河南省白沙水库灌溉工程管理局日常管理工作有关的纸质地图、扫描地图、电子地图、纸质表格、文字、数据，电子表格等资料。

（2）编写灌区地形、地物的分层、分类和编码体系。

（3）扫描地图人工矢量化，地图接边。文件格式转换，检查所输入的数据，建立基本空间数据集（.dbf，.sbx，.sbn，.shp）。

（4）分析属性数据库（.dbf 文件），将所有属性数据资料统一存储在 Access 数据库中。

（5）利用 Mapobjects 控件、图表控件 Teechart 和 Visual Basic6.0 可视化语言分别开发各个功能模块。

（6）系统集成和测试。

（7）撰写系统使用说明书。

技术路线图如图 6-2 所示。

4. 系统安全性设计

从灌区信息的安全性和保密性考虑，系统安全必须遵循以下原则：

（1）数据采用全集中管理方式，系统由系统管理员维护，对每个使用者，根据相应级别赋予不同的使用权限。

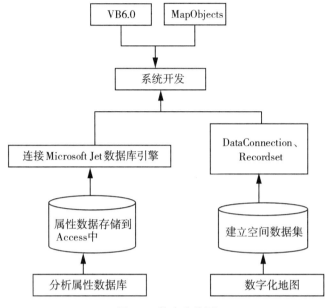

图6-2 技术路线图

（2）使用者在登录本系统时，必须输入用户名和相应的密码，只有系统管理员才能对数据进行编辑和更新，一般用户可以访问数据，但不能修改数据。

（3）系统管理员定期对数据进行备份（使用局域网内的一台客户机或移动硬盘），保留一定期限的数据，在系统出现故障时，可恢复系统数据。

四、系统功能设计

河南省白沙灌区地理信息系统具有的功能模块见表6-1。

1. 图层操作

图层操作主要包括地图放大、缩小、漫游以及全图显示、地图鹰眼等功能。

1）地图放大

点击工具栏上的放大按钮，鼠标指针变成放大形状，在地图上画矩形实现地图的放大。由于灌区图层较多，如果所有地物同时被加载，会显得比较拥挤，所以，在显示的时候采用分级显示的方法。主要地物，如河流、渠道等先显示，地图放大到一定比例的时候，再显示一些次要的地物，如渡槽、村庄等。

表 6-1　　　　　　　　　　　系统功能模块

河南省白沙灌区管理信息系统	图层操作模块	放大
		缩小
		漫游
		全局显示
	基本情况模块	灌区概况
		工程设施
		取消系统
		输水系统
		管理机构
		放水灌溉
		月降水量
	信息查询模块	点击查询
		基本查询
		自定义查询
	统计分析模块	消费征收
		完成投资统计
		财务收支
		渠道衬砌
		农作物生产情况
		灌区行政区基本信息
	系统管理模块	数据备份
		数据恢复
	帮助文档模块	帮助文档

2）地图缩小

点击工具栏上的缩小按钮，鼠标指针变成缩小形状，在地图放大的情况下，在地图上单击左键可以实现地图的缩小。

3）地图漫游

点击工具栏上的漫游按钮，鼠标指针变成手柄形状，在地图放大的情况下，在地图上按住左键，移动鼠标可以实现地图漫游。

4）全图显示

点击工具栏上的全图显示按钮，在地图放大（或缩小）的情况下，可以使地图恢复到原来的初始状态。

5）地图鹰眼

点击工具栏上的地图鹰眼按钮，弹出一个地图指示图。指示图用显著颜色的方框显示目前主窗口在全图的位置，在地图指示图中点击可以移动大窗口位置，还可以拖动方框改变大窗口的大小。

2. 基本情况

在这个模块中，主要是对灌区基本情况信息进行查询、显示、修改和打印输出等，包括历年的文字资料、图表资料和电子文档。

（1）灌区概况，包括灌区名称、管理机构地址、邮政编码、电话号码、级别、灌区建设日期、开灌日期、受益范围、人员合计、平均工资、国家职工、高工/工程师/技术员、合同工、临时工、灌区总人口、灌区农业人口、灌区劳力、多年平均降水量、多年平均蒸发量、土壤种类、地下水埋深、地下水矿化度、土壤总含盐量、土地面积、耕地面积、设计灌溉面积、有效灌溉面积、实灌面积、旱涝保收面积、吨粮田面积、排水面积、毛灌溉定额、净灌溉定额、灌溉保证率、渠系水利用系数和灌溉水利用系数。

（2）工程设施，包括水源名称、引水地点、引水方式、渠道、水库有效库容、渠道抽水站装机、渠道多年平均引水量、渠道实际年引水量、农业用水量、工业生活用水量、总干渠设计长度、总干渠实际长度、干渠设计长度、干渠实际长度、支渠设计长度、支渠实际长度、斗渠设计长度、斗渠实际长度、设计斗渠以上建筑物、实际斗渠以上建筑物、大中型水库座数、大中型水库总库容、小水库及塘堰座数、小水库及塘堰容量、灌区内抽水站处数、抽水站总装机、抽水站扬水能力、设计排总干长度、实际排总干长度、设计排干长度、实际排干长度、设计排支长度、实际排支长度、设计排斗长度、实际排斗长度、机井配套眼数、机井灌溉面积、水电站处数、水电站总装机和水电站年均发电量。

（3）取水系统，包括水库概况和河道概况两部分。水库概况包括水库名称、枢纽工程等级、死水位、防洪限制水位、正常蓄水位、防洪高水位、设计洪水位、校核洪水位、总库容、死库容、兴利库容、防洪库容、调洪库容、重叠库容、设计洪水频率和校核洪水频率、河道概况包括河道名称、河槽平均宽度和河槽平均流量。

（4）输水系统主要是指干渠、支渠、斗渠的输水系统，包括渠道名称、土壤岩石类型、防冻胀措施、渠段水利用系数、坡度、加大流量、渠道长度、渠道材料类型、衬砌类型、渠道横断面类型、糙率、设计流量和设计灌溉面积。输水系统信息维护是本系统中的一个重要内容，渠道信息录入的准确与否直接影响到后期的查询，统计等操作精度。

（5）管理机构。灌区管理机构介绍。

（6）放水灌溉。选择不同的年份，可以显示浇地次数、历时天数、干渠引水量、实灌面积等放水灌溉的信息，还可将显示的信息进行报表打印。

（7）月降水量。选择不同的年份和月份。可以显示月降水量、降水量类型等信息。

3. 信息查询

信息查询模块的功能是：系统提供三种查询方式对白沙灌区数据进行快速的查询和浏览。通过点击空间要素查询相关联的属性数据或在指定的查询条件下系统可对图形数据、属性数据进行查询，同时，将查询的结果显示在地图上和属性表中，即实现图形数据和属性数据的互动查询，例如，在查询界面中输入某一个干渠名，地图上的该干渠将高亮显示，同时属性表中将自动显示该干渠的所有信息。利用该功能，灌区管理人员可以图文一体化地对灌区干渠、支渠、斗渠等各种主要数据库中的信息进行综合浏览和查询，其方式包括三种：①按照属性字段进行查询；②按照空间位置关系进行查询；③按照属性字段和空间位置关系进行组合查询。系统将以图形、表格等丰富的表现形式显示查询的结果。下面是具体的功能描述：

1）点击查询

系统中的数据是指图形数据及与之相关联的属性数据。系统自动提供图形数据与属性数据的关联关系，利用地理要素所关联的属性表，通过点击查询方式获得地理要素的属性数据浏览界面。点击查询的功能流程图如图6-3所示。

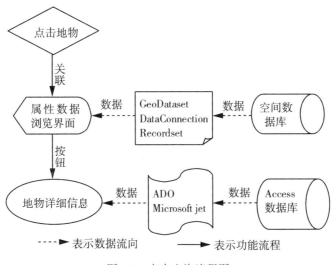

图6-3 点击查询流程图

2）渠道基本要素查询

对渠道基本情况进行查询，可以快速从几百条渠道中查询到符合条件的一条或多条渠道。设置两种查询条件：根据渠道名称查询和根据上一级渠道查询下一级渠道。该查询操作支持模糊查询，例如，查询条件设定为"南"，则渠道名称中包含"南"的所有渠道都会被查找出来，如"南干渠"，"南干斗一"等。查询结果显示在一个列表中，并可以直接漫游到地图上。其实现方法是利用Combo对象选择干渠、支渠或者斗渠查询。

185

3）自定义查询

对渠道基本情况进行查询，如可以快速从渠道信息数据库中查询到符合条件的一条或多条渠道，显示符合查询条件渠道的一些基本信息。可以进行条件组合，例如，可以查询渠道长度大于 5km 的渠道信息或是流量大于 $1m^3/s$ 的渠道信息，可以多种条件组合。在白沙灌区地理信息系统中用户可以根据属性字段之间的数学关系进行查询。这里的数学关系主要包括大于、小于、等于、不等于以及一些简单的数学运算（如四则运算）等。

4. 统计分析

（1）水费征收。以统计图反映各年水费征收情况。

（2）投资完成。以条形图反映灌区总投资，其中国家投资、地方投资及群众自筹的统计图。

（3）财务收支。按年度录入灌区财务收支信息，以及财务信息的修改和维护，包括年度收入、支出和结余情况，并用统计图表反映收支信息构成比例。

（4）渠道衬砌。按不同级别的渠道，可以显示出渠道长度、衬砌长度、衬砌面积等信息。

（5）农作物生产情况。可选择不同的年份，统计农作物平均生产情况，包括耕地面积、粮食播种面积、粮食总产量、油料播种面积等八个统计项目，还可对农作物生产情况生成报表进行打印。

（6）灌区内行政区基本信息统计图。灌区行政区基本信息统计图，选择不同的年份，可以显示灌区行政区内人口、农业产值、工业产值等基本信息。

5. 报表打印

报表打印功能可以对灌区概况、工程设施情况、渠系情况等统计资料进行打印。

6. 注记和符号化

文字注记功能是 GIS 和机助制图中不可缺少的重要功能之一。和其他专题图相比，文字注记能更加直观地表达地图信息。恰当的注记可以有效地增加地图的可读性和表现能力。按它们是否依比例表示二维地图平面上的地物，地图符号可分为点符号、线符号和面符号三大类。

7. 系统管理

由于白沙灌区管理信息系统是提供给灌区管理局工作人员使用的管理信息系统。使用人员较多，且可能在使用过程中要对灌区数据做一定的修改。这样就难免会造成因操作或修改不当而导致系统运行出现不正常。所以，灌区地理信息系统必须具有系统管理功能。系统管理包括如下三部分：

1）管理权限

系统能够对白沙灌区的管理人员划分"管理员"、"专业用户"和"普通用户"三个类别，并对这三个类别赋予不同的权限，每一个权限都有相应的使用功能。其中，"管理员"能对白沙灌区管理信息系统的数据进行修改，"专业用户"可以对部分数据进行修改，而"普通用户"则不可以修改数据。

2）数据备份

系统能够定时地将数据库中的所有数据进行备份，以防止数据的丢失而造成重大损失。

3）数据恢复

系统能够将已经备份的数据重新恢复到数据库中。用户可以选择不同的权限登录系统，根据权限设置的不同，对数据库中的数据进行不同的维护。例如，管理员用户可以对数据库进行备份、恢复，对属性数据进行浏览、查询、修改、保存等；专业用户可以对属性数据进行浏览、查询、修改、保存等；普通用户只能对属性数据进行浏览、查询，而不能进行修改、保存等操作。

第三节　应用实例 2：基于 RS 和 GIS 的河南省赵口灌区信息管理系统

一、灌区概况

赵口引黄灌区位于河南省黄河南岸豫东黄淮平原，北纬 33°40′~34°54′，东经 113°58′~115°30′，其行政区域主要包括开封、周口、郑州、许昌四个城市，涉及开封、杞县、通许、尉氏、鹿邑、太康、扶沟、西华、鄢陵、中牟10个县及开封市两区。赵口灌区春夏秋冬四季分明，属于大陆性季风气候。冬季在西伯利亚高压控制下，盛行西北风，气候干燥，天气寒冷，雨雪少；夏季时，西太平洋副热带高压占主导地位，暖湿海洋气团从西南、东南方向侵入，冷暖空气交替频繁，使降雨量比较集中，雨热同期，适宜农作物生长。根据灌区各县降雨量资料统计，灌区内多年平均降水量为700.0mm。灌区内多雨年可达1051.3mm（1984—1985年），少雨年仅318mm（1959—1960年），最大年降雨量是最少年降雨量的2.8~3.3倍。降雨量年内分配也很不均匀，7、8、9三个月占全年降雨量的55%。灌区内多年平均气温为14.2℃。灌区气温1月份最冷，平均为-0.4℃，极端最低温度-17.2℃（1958年1月10日）；7月份温度最高，平均为27.2℃，极端最高温度为42.9℃（1966年7月19日）。灌区光能资源充足，资料统计显示，年平均日照时数2391.6h，日照百分率为54.6%。最多为2535.7h，最少为1873.5h。各月份日照时数以5月和6月份最多，分别为221.1h和234.6h。灌区多年平均蒸发量1320mm，约为多年平均降雨量的2倍。灌区内干旱、洪涝、风沙、雹霜和盐碱等自然灾害时有发生，其中尤以旱灾和涝灾最为严重。旱灾共发生17次，尤其是1988年、1994年、1997年旱灾灾情面积大、受灾严重。旱灾以初夏出现机会最多，春季次之，秋旱和伏旱也有出现。涝灾共发生12次，涝灾来势迅猛且危害严重，但自1986年以来，灌区内未发生大面积涝灾。

灌区总土地面积5869.1km²（880.3万亩），规划续建配套与节水改造灌溉面积为574.1万亩，其中充分灌溉区238.1万亩，非充分灌溉区面积336万亩；有效灌溉面积366.5万亩，其中充分灌溉区178.5万亩，非充分灌溉区面积186万亩。目前灌区灌溉水利用系数0.48，田间水利用系数0.87，渠系水利用系数0.55。

二、灌区灌溉配水模型研究

1. 灌区降水趋势的预测

降水量预测是灌区来水量预测的基础，科学有效地预测降水量对于合理开发和优化利用水资源具有重要的指导意义。降水是一个过程，一般情况下，降雨丰枯状态都是以年降水量的多少为标准进行降水评价。降水对灌区中的作物各个阶段的影响也不同，因此，在灌区降水趋势评价时，应该结合不同作物在不同的生育阶段中对水的需求程度，以及对应时期降水过程进行综合考虑。本书根据灌区的灌溉时段，采用可变模糊聚类的方法对不同生育阶段作物需水量的敏感程度进行综合分析评价，将不同灌溉时段的降水量作为影响因子进行全年降水量评价聚类，得出年降水过程干旱等级聚类结果。在此基础上，根据模糊理论中的特征值，建立预测方程，实现全年降水量的预测。各个灌溉时段的降水量预测中，因为各个灌溉时段的降水量序列为相互不影响的随机变量，所以采用各个灌溉时段的自相关系数为权重，用加权的马尔科夫链方法来预测未来各个灌溉时段的降水丰枯变化状况。然后根据模糊评价得出的模糊评价矩阵结合各个时段的作物需水量进行丰枯情况的确定，并利用马尔科夫链遍历性完成各个灌溉时段的降水量分布特征分析。降水量趋势预测的技术路线如图 6-4 所示。

各过程的具体实现方法如下：

1）降水量时段选择

根据赵口灌区的农业种植结构，结合灌区灌溉制度，选择冬小麦、夏玉米、花生、油菜、棉花作为研究对象。根据这几种作物各自的生育期阶段进行分类，最后确定 7 个阶段，即冬小麦越冬期的有效降水量（11 月 21 日—11 月 30 日）、冬小麦拔节期和油菜花期有效降水量（3 月 22 日—4 月 6 日），冬小麦孕穗期和油菜结荚期的有效降水量（4 月 11 日—5 月 2 日），冬小麦灌浆期（5 月 16 日—5 月 25 日），花生的花枝期（7 月 5 日—7 月 13 日）和夏玉米的播种期及苗期的有效降水量（8 月 1 日—8 月 9 日），夏玉米灌浆期有效降水量（8 月 21 日—8 月 30 日）。

根据选择的时期进行阶段降水量统计，由于在不同阶段降水量的标准是不确定的，需要进行数据的归一化处理，各个阶段降水量的统计结果用下式进行数据的归一化：

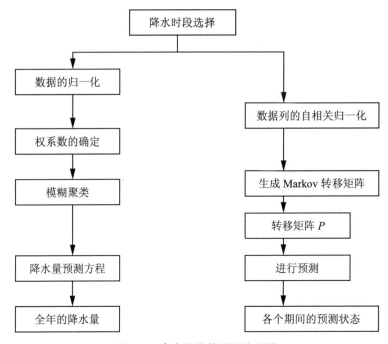

图 6-4　降水量趋势预测流程图

$$R_{ij} = \frac{X_{ij}}{X_{j_{\max}}} \qquad (6\text{-}1)$$

其中，X_{ij} 为各个阶段的降水量统计值；$X_{j_{\max}}$ 为该阶段的最大值。

2）模糊权重值的确定

模糊聚类的权重值关系着相应指标对分类结果的影响程度，是 ISODATA 模型中的一个重要参数。本书权重参数的确定，是以作物的生育阶段的有效降水量对单位面积作物的经济效益最大为原则，计算权重值系数并进行权系数的归一化：

$$\omega_i = \sum_{j=1}^{n} k_j p_j Y_j \lambda_j \qquad (6\text{-}2)$$

$$\omega_i = \frac{\omega_i}{\sum_{i=1}^{n} \omega_i} \qquad (6\text{-}3)$$

其中：k_j 代表第 j 种作物的种植比例；Y_j 代表第 j 种作物的单位产

量；λ_j 代表 j 作物总的灌溉水量；P_j 代表第 j 种作物的单位价格。

3）可变模糊聚类分析

本书采用的是陈守煜（2005）改进的可变模糊聚类分析方法进行计算分析，聚类的等级有 5 个级别，利用广义距离公式进行模糊分级：

$$d_{kj} = \left[\sum_{i=1}^{m} \omega_i \left(R_{ij} - S_{ik} \right)^2 \right]^{\frac{1}{2}} \tag{6-4}$$

可变建立模糊聚类的准则函数，用于求解最优模糊聚类矩阵与最优模糊聚类的中心矩阵，建立的求解准则函数方程如下：

$$\min\left\{ F(U_{kj} - S_{ik}) = \sum_{j=1}^{m} \sum_{k=1}^{t} U_{kj}^2 \left[\sum_{i=1}^{m} \omega_i \left(R_{ij} - S_{ik} \right)^p \right]^{\frac{\alpha}{p}} \right\} \tag{6-5}$$

当 $\alpha = 2$，$p = 1$，即 $\alpha/p = 2$ 时，该准则函数可以采用最小二乘法优化准则进行计算。经过计算得出模糊聚类的迭代方程如下：

$$U_{hj} = \sum_{k=1}^{c} \frac{\sum_{i}^{m} \omega_i \left(R_{ij} - S_{ih} \right)^2}{\sum_{i}^{m} \omega_i \left(R_{ij} - S_{ik} \right)^2} \tag{6-6}$$

$$S_{ih} = \sum_{j=1}^{n} \frac{U_{hj}^2 R_{ij}}{\sum_{j=1}^{n} U_{hj}^2} \tag{6-7}$$

在进行样本序列的迭代求解过程中，需要确定初始状态值，这里 S_{ih} 代表聚类中心根据实际情况赋予初始值，而 U_{hj} 代表各个样本在不同状态中的权重。本书根据样本数据中全年降水量数据与序列平均降水量的数值进行比较分析，划分出该年降水量所处于的初始状态，即以各个指标距离平均值的大小为标准。使用可变模糊聚类迭代模型公式（式（6-6）～式（6-7）），计算出最优模糊聚类矩阵 U_{hj} 与模糊聚类中心矩阵 S_{ih}，根据 U_{hj} 每列最大值所处的状态确定该时段所处状态。

4）马尔科夫链的预测方法

根据可变模糊聚类确定的降水量状态，首先，计算出不同步长（年为单位）的马尔科夫链转移概率矩阵。其次，计算各个阶段降水量序列的自相关系数，然后进行归一化并作为各个阶段的马尔科夫状态权重值。根据某一时间序列内聚类得到的降水量初始状态，

利用对应步长 n 的状态转移概率矩阵预测出未来步长为 n 年的降水量状态概率 P，对处于同一年的各个预测的概率进行加权求和，其结果作为该年降水量该状态的预测概率。最后，应用马尔科夫链的遍历性定时，求其极限分布，进行分析降水量的分布特征分析。具体的操作步骤如下：

（1）按模糊聚类生成的分级结果确定 U_{hj} 最大值所处的状态，即确定全年降水及各个时段所处的状态。

（2）按步骤（1）得到的状态序列，生成不同步长的马尔科夫链转移概率矩阵。转移概率矩阵生成是指在一个时间序列内，某一时间状态在未来几年内出现某一种状态的概率。例如，在 60 年的序列内，处于平水年状态的序列有 18 次，且每个平水年之后第 2 年出现枯水年的次数为 3 次，则平水年到枯水年的 2 次转移概率为 3/18。通常对于降水序列的预测只需要计算步长 5 以内状态转移矩阵，利用上述方法，计算分析最近 5 年内的状态转移矩阵。

（3）计算降水量序列的各阶自相关系数，这里计算的 $k =$（1，2，…，5），即（2）中所说的 5 阶，只需要计算最后 5 年的各阶自相关系数：

$$R_k = \frac{\sum_{t=1}^{n-k}(X_t - \overline{X})(X_{t+k} - \overline{X})}{\sqrt{\sum_{t=1}^{n-k}(X_t - \overline{X})^2 \sum_{t=1}^{n-k}(X_{t+k} - \overline{X})^2}} \qquad (6-8)$$

其中：X_t 表示第 t 时段的降水量；n 为降水序列长度；X 表示降水量均值。

（4）对步骤（3）计算出来的各阶自相关系数进行归一化，并作为对应步长的马尔科夫链转移矩阵的权重：

$$\overline{X}_k = \frac{R_k}{\sum |R_k|} \qquad (6-9)$$

（5）根据 5 年的降水量序列中各个时段的降水量为初始状态，结合其相应的状态转移概率矩阵（步骤（3）所计算得出的矩阵），利用对应步长 n 的状态转移概率矩阵乘以自相关系数计算出各个步长预测年份的降水量状态概率 P，将处于同一预测状态的概率进行加权求和，求和结果作为预测年年降水量该状态的预测概率，即计算出该时段降水量的状态概率。

（6）在进行新一年数据的预测时，可以根据应用级别特征值和各个阶段干旱情况的降雨量分布范围求出该时段具体的降水量，待求出该时段降水量后，将其加入原始序列，重复上述步骤，即可进行下一年的数据计算（原始序列比较长，再次计算可以省略第（2）步）。

5）降水量分布特征的预测

应用马尔科夫链的遍历性定理，求其极限分布，进而分析降水量的分布特征。

6）利用模糊聚类的特征值向量进行全年降水量的预测

特征值向量是在整个预测过程中各个阶段的向量在整体预测过程中矩阵中所代表的数值。本书在进行干枯情况预测过程中，将降水趋势分成 5 种级别，所以用 $c=5$ 作为本次的特征值分类状况，由 1 到 5 分别代表 5 个分级标准，常用的计算公式如下式，按照 $c=5$ 用下式计算类别特征值向量 H：

$$H = (1, 2, \cdots, c) \, U_{hj} = H \, (H_1 H_2 \cdots H_n) \qquad (6\text{-}10)$$

在求出特征值后，将该值作为计算降水量的自变量，建立特征值 H 与全年降水量 P 对应的线性相关关系。利用时间序列 H、P 中的对应数据，用相关系数公式计算得到满足要求的相关系数 r，计算降水序列各自相关数列的均方差，将相关系数与各自均方差代入下式，即可进行全年降水量的预测：

$$P - \overline{P} = \frac{r^{\delta_p}}{\delta_h}(H - \widetilde{H}) \qquad (6\text{-}11)$$

$$r = \frac{\sum_{i=1}^{n}(H - \widetilde{H})(P_i - \overline{P})}{\sqrt{\sum_{i=1}^{n}(H_i - \widetilde{H})\left(\sum_{i=1}^{n}P_i - \overline{P}\right)}} \qquad (6\text{-}12)$$

其中：δ_p 为降水量序列的均方差；δ_h 为特征值向量的均方差；H_i 为特征值；P_i 为降水量；$\widetilde{H}$ 为特征值均值；$\overline{P}$ 为降水量均值。

2. 灌区需水量的计算

1）农作物需水因子

作物蒸发量计算是灌溉预报的基础，国内一般把作物蒸发蒸腾量与棵间蒸发量之和（即蒸散）称为作物需水量，由于组成作物的水分只占总需水量很微小的一部分，所以不考虑。作物蒸发蒸腾量 ET 的主要影响因子有气象因素、作物因素和土壤因素。其中，气象因素包括太阳辐射、日照时数、气温、空气温度与风速等，这些因素反映了不同地区的气候状况，直接影响作物的生长情况；作物因素则是指对于一定的作物，作物的品种、生育阶段、生长发育情况等，这是由于不同作物的根系吸水、体内输水和叶气孔扩散能力不同，因而影响作物的蒸发蒸腾量。因此，要计算农作物的需水量，要分别从气象因素、作物因素、土壤因素三个方面计算。根据国内外试验资料的分析，由于土壤因素影响较小且计算复杂，因此上述各因素对作物蒸发蒸腾量的综合影响，可由前两种因素的影响结果表示。作物蒸发蒸腾量表示为：

$$ET = K_c \times ET_0 \qquad (6\text{-}13)$$

式中，ET 为作物实际蒸腾量；K_c 为综合作物因素系数；ET_0 为参考作物蒸腾量。

2）参考作物需水量的计算

ET_0 计算采用联合国粮农组织进行统一规定，假设一系列的作物生长条件，如作物高度（0.12m）、叶面阻力（70stm）、地面反射率（0.23）、地面覆盖率（100%）不缺水的绿色草地，在此条件下的作物蒸发蒸腾量可以作为计算各种具体作物需水量的参照。计算步骤为：首先计算参考作物的需水量，之后利用作物系数 K 进行修正。目前，计算 ET_0 最为广泛的公式为 penman-monteith 公式，也是 FAO 所确定的计算 ET_0 的首选方法。

$$ET_0 = \frac{0.408\Delta(R_n - G) + \gamma \dfrac{900}{t + 273} U_2 (e_s - e_a)}{\Delta + \gamma(1 + 0.34U_2)} \qquad (6\text{-}14)$$

3）作物需水量的计算

利用河南省赵口灌区内的开封县惠北灌溉实验站的气象数据，进行参考作物的需水量的计算。利用作物蒸发蒸腾量公式（6-13）可以计算在各个生育阶段中的作物需水量。将各时段结果累加平均，得到赵口灌区中在灌溉制度过程中作物的多年蒸发蒸腾量。

3. 灌区内优化配水方案研究

1）灌区遥感监测土壤墒情方法研究

目前，应用遥感监测土壤水分已成为大范围土壤水分监测的研究重点，应用前景非常广阔。本书应用MODIS影像获取灌区大范围土壤水分。数据处理步骤：①投影变换；②影像裁剪；③模型反演土壤墒情。首先，MODIS产品原始的投影为正弦投影（Sinusoidal Projection），利用NASA官方网站提供的MRT（MODIS ReProjection Tool）软件转变成UTM 49N坐标系，椭球体采用WGS84，便于与灌区其他矢量数据进行叠加分析。

应用MOD13A2 1KM的分辨率植被指数产品以及MOD11A1 1KM分辨率的地表温度/发射率L3产品，利用植被供水指数法（VSWI）进行土壤墒情的分析，将计算出的植被指数与赵口灌区的土壤墒情监测点的实测数据进行拟合，生成土壤墒情分布图。以2010年河南赵口灌区冬小麦灌浆期（5月16—25日，即5月中下旬），花生的花枝期（7月5—13日）为例研究，对两个阶段的土壤墒情采用植被供水指数法进行了监测，通过与灌区墒情实测数据的拟合，得到植被供水指数与墒情关系的线性公式分别如下：

$$y = -0.18x + 22.6 \quad \text{和} \quad y = -0.22x + 26.43$$

其中，y表示土壤墒情，x表示植被供水指数VSWI。对应的土壤墒情图，如图6-5、图6-6所示。

2）灌区内优化配水方案研究

灌区中优化配水效果主要取决于优化配水模型。在优化配水模型中不确定性因素很多，这些因素影响着预测的结果，从而直接影响着配水的合理性，在这些因素中，作物的实际需水量即作物的灌溉水量是最重要的影响因素之一。

本书根据不同作物需水量多年平均计算结果与同时段计算的降水预测结果以及同时段的土壤墒情分布信息进行对比，确定作物的引水灌溉量。当$ET_c > P + S$时，即需水量大于预测降水量和田间持水量之和时，说明该作物在该生育阶段需要进行灌溉，各作物所需的灌溉水量可利用下式计算：

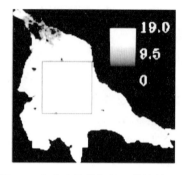 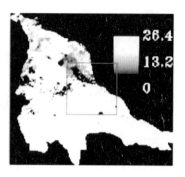

图 6-5　冬小麦孕穗期的土壤墒情图　图 6-6　冬小麦灌浆期的土壤墒情图

$$W = ET_c - (P_r + S) \tag{6-15}$$

其中，W 为作物的灌溉水量；ET_c 为作物的需水量；P_r 为有效降水量；S 为土壤含水量。有效降水量 P_r 等于降水量乘以降雨入渗系数，降雨入渗系数与降雨量、降雨强度、降雨延续时间、土壤性质、地面覆盖及地形等因素有关。一般认为，当降雨量小于 5mm 时，降雨入渗系数为 0；当降雨量在 5～50mm 时，为 1.0～0.8；当降雨量大于 50mm 时，降雨入渗系数为 0.70～0.80。

　　本书根据建立的来水趋势预测模型与需水计算模型，完成赵口灌区中各个监测站点的来水量和需水量计算，然后利用 GIS 中的空间分析功能实现来水量与需水量的空间插值。空间插值方法常用的有经典统计学与地统计学两种，经典统计学是根据研究区域的相似性或平滑度进行空间插值的方法，通过由已知样点来创建空间表面；地统计学是以变异函数理论和结构分析为基础的插值方法，是在有限区域内对区域化变量进行无偏最优估计的一种方法。本书利用地统计学方法生成赵口灌区内的作物各个生育期内的多年平均需水量分布图以及相同时段的降水量的预测分布图，然后根据对应时间的土壤墒情信息，利用 GIS 的空间叠加分析实现灌区灌溉水量计算，计算赵口灌区中的作物实际需水量（即不同地区的灌溉水量），生成专题图。根据灌区中主要引水干渠的控制灌溉面积，利用地图代数统计方法计算出该区域内作物的总用水量，实现赵口灌区主要干渠的优化配水。赵口灌区的优化配水过程需要从以下三个方面进行研究：

（1）灌溉方式的确定。赵口灌区的引黄水量一般由黄河水利委员会进行定额配发，但是在实际灌溉过程中，引水量常常根据实际情况进行再分配，以满足农作物的正常灌溉需要，也就是说，引黄水量是一个不确定的量。所以，根据不同的来水情况制订非充分灌溉配水计划，首先利用预测到的全年灌区缺水程度，根据丰水、偏丰、平水年、偏枯、枯水年的聚类分析结果，利用生成的作物实际需水量分布图比较各个生育阶段降水量、土壤含水量和作物需水量的值，与引黄水量进行对比，如果前者小于后者，则采用充分灌溉的方案；否则，此时段缺水，需实行地下水和引黄水的联合调度，采用非充分灌溉方式，制定非充分灌溉配水方案。

（2）确定灌水定额。在进行非充分灌溉制度下，根据实际的缺水情况重新制定作物的灌水定额。在满足作物基本生长需求条件下，结合赵口灌区非充分灌溉制度确定最小灌水定额系数，同时与缺水时段引水量与需水量的比值进行比较，取较大值作为该缺水时段的灌水定额系数。

（3）确定灌溉面积。赵口灌区一部分是引黄工程灌溉，一部分是井水灌溉。在缺水时段，有一部分灌区需要利用井灌，因此需要确定引黄水和地下水的灌溉面积。结合生成的灌区内不同区域作物的实际作物参考需水量分布图与渠系控制情况，计算引黄面积中各渠系灌溉面积所需灌溉水量，由于在输水过程中存在着下渗与蒸发，计算中需要将这部分消耗的水量计算在内，计算公式如下：

$$ET_{总} = \sum ET_i \cdot S \cdot \eta \qquad (6\text{-}16)$$

其中，ET_i 为确定灌溉面积后的作物需水量；S 为某渠系控制面积；η 为渠系水利用系数。

最后，利用生成的作物实际需水量分布图，与渠系控制面积的分布图，可以利用分区统计功能（Zonal）实现灌区的优化配水，确定灌区的整体配水方案。

三、赵口灌区管理信息系统的设计

根据系统的设计方案，建立基于 WebGIS 的河南省赵口灌区管理信息系统，开发灌区管理需要的功能模块，将降水量趋势预测、作物需水量模型进行集成，并结合遥感技术完成赵口灌区的优化配水模型。

1. 赵口灌区管理信息系统的 FlexViewer 框架架构

赵口灌区管理信息系统的整体架构根据面向对象设计思想，利用 ArcGIS Server 网络平台下的 FlexViewer 框架实现。Flex Viewer 是由 ESRI 公司基于 ArcGIS Server REST 服务技术开发的一套应用框架。FlexViewer 框架在赵口灌区管理系统研发中具有以下优势：

（1）建立赵口灌区管理信息系统的过程中，使用 FlexViewer 框架后，设计开发人员无需对地图管理等功能进行大量的编程工作，只需要进行灌区管理核心业务功能开发。设计人员省去了对地图管理、地图导航、服务的应用配置、组件间的通信等进行繁重复杂的编程工作。

（2）赵口灌区是一个快速发展的灌区，随着灌区二期工程的开发，管理区域的扩大，管理业务量的提升，系统需要具有一定的快速更新能力。使用 Flex Viewer 框架后，系统的业务功能都是在 Widget（微件）开发实现，每个微件都是一个独立的 SWF 文件，可以进行独立的开发，而不影响系统的正常使用。系统需要更新时，只需要在应用程序的配置文件（XML 文件）中增加配置项，就可以将功能封装在 Widget 组件内，利用框架的配置管理器，快速配置到赵口灌区管理信息系统中。

（3）赵口灌区的管理业务复杂，高效简洁的代码有利于系统稳定性的实现。FlexViewer 框架由一系列高集聚、低耦合组件组成，能够根据赵口灌区管理任务利用相应的组件实现管理功能。这种实现方法不但减少了代码的冗余，有利于系统的维护和功能的定制，同时提高了模块编写的效率。

（4）常用的 C/S 模式管理信息系统具有良好的用户体验，能够高效地实现数据管理功能，其缺点是无法进行远程部署。基于

RIA 的 Flex Viewer 框架开发的赵口灌区管理信息系统具有 B/S 和 C/S 的优势，不仅实现了 B/S 的远程部署，同时还具备 C/S 模式同样的用户体验与交互性。

系统开发的具体技术路线如图 6-7 所示。

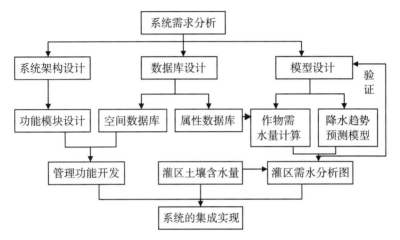

图 6-7 系统设计的技术路线图

对用户的需求进行分析，选择系统的开发语言并进行系统设计，从架构、数据库、灌区管理模型三方面进行系统的设计，建立实现灌区的功能模块。功能模块要能够满足赵口灌区的日常管理应用需要。其中，模型设计能够实现作物的需水分析，模型通过验证后，采用后台处理方式，集成在系统之中。

2. 系统的逻辑结构设计

赵口灌区管理信息系统采用 B/S 开发方式，MVC 开发模式，其特点是多个视图能共享一个模型。赵口灌区管理系统中使用 MVC 模式后，管理部门根据自身的管理需要可以选择使用 Flash 界面或是手机的 WAP 界面等多种界面浏览，而系统的开发人员只需要一个模型就能处理不同浏览器的界面。

赵口灌区管理信息系统主要分为三个层次，如表 6-2 所示。

表 6-2 灌区管理信息主要分层

灌区管理应用层次	功能介绍
展现层	主要负责灌区信息展示和人机交互相关逻辑
领域层（业务层）	主要完成灌区管理业务逻辑，是系统的核心
数据源层	负责数据的提取与存储

3. 系统的功能模块设计

通过对河南赵口灌区管理局各个部门的管理业务进行详细的调查，在赵口灌区管理局业务需求分析的基础上，设计了赵口灌区管理信息管理系统的基本功能，赵口管理信息系统包括功能模块如图 6-8 所示。

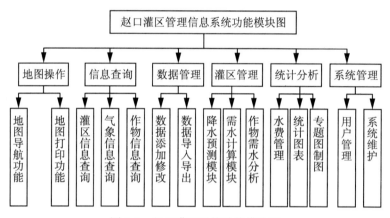

图 6-8　赵口灌区系统功能模块图

1）地图操作与信息查询模块

该模块提供地图的浏览功能，能够进行灌区工程信息，作物信息等浏览，以及灌区基本信息、渠系管理所需空间信息的查询。图 6-9 所示为地物搜索功能界面。

2）数据管理模块

包括取水设施管理、输水设施管理、作物信息管理、水费信息管理、气象信息管理、雨量信息管理 6 个部分。这 6 种数据管理的

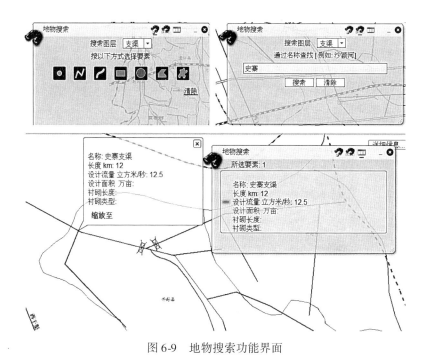

图6-9　地物搜索功能界面

方法都一样，这里以降水量信息管理为例，运行界面如图 6-10 所示，用户可以看到对应的信息，可以利用数据导航进行数据表的翻页、跳转，可以设置每页数据表的显示条数。该界面支持降雨量数据的添加、删除与修改，修改的数据直接保存到数据库中。用户也可以根据自己的需要进行自定义数据的显示方式和内容，点击条件查询，可以设置监测站的名称、降雨量的时间范围、降雨量的大小范围，进行数据的查询。同时，可以在现有的数据表中根据监测站的名称与监测时间进行数据表的过滤与单个数据的定位。

　　3）灌区管理模块

　　这是赵口灌区管理信息系统中的核心模块，分为灌区来水分析模块、需水分析模块和灌区的优化配水模块。灌区来水、需水分析模块是根据数据库中的气象资料、灌区作物信息，进行作物需水量和灌区来水量的预测。灌区的优化配水模块，利用灌区来水、需水

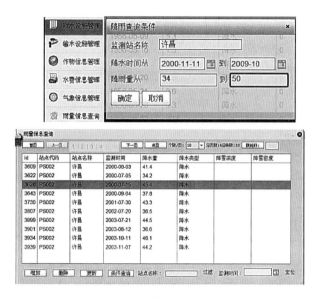

图6-10 数据管理操作界面

预测结果结合灌溉业务中的灌溉制度、配水等基础数据,模拟生成配水方案,为管理所人员查看和制订的配水计划提供决策支持。

4）统计分析模块

该模块提供针对灌溉业务中各种报表,对数据表按时段和渠系进行汇总统计,汇总生成全灌区报表、旬报表、季报表、年报表。同时,为浏览用户提供相关业务数据报表的浏览、查询及打印等功能。水费管理模块中水费管理部分主要包括应征水费、实征水费、欠费和欠费滞纳金四部分。赵口灌区根据黄河用水水价的相关管理条例和现行的水价征收方案,结合管辖范围内各个行政区中的不同用水部门和用水时段,建立基于实际用水统计系统,计算出相应的水费和水费管理报表。图6-11所示为降水量统计界面。

5）系统管理模块

用户种类分为系统管理员、数据管理用户和一般用户三个级别。其中系统管理员级别最高,负责管理各个级别用户,即添加、编辑和删除用户及用户的权限设置;数据管理用户能够进行数据的

图 6-11　降水量统计界面

修改；一般用户只能进行数据的浏览。

4. 灌溉配水模型的实现

1）降水量趋势预测模块的实现

降水量预测模块的实现步骤：首先选择预测的监测站，其次利用 Sql 语句进行赵口灌区降水量表数据的统计，再次按照灌溉阶段进行区间统计，最后将统计的结果对象转换成 R_{ij} 数组，与 P_i 进行一系列的处理计算，具体计算步骤如图 6-12 所示。

系统初始值的计算是指根据全年降水量的值与多年平均值作比较，建立一个以平均值为平水年的初始聚类标准，生成模糊聚类矩阵的初始值 U_{hj0}，利用前面提出的模型进行模糊聚类。实现模糊聚类之后，输出各个时间段的聚类结果，决策者能够对历史数据状态查询。利用模糊聚类的结果 U_{hj}，一是建立各个阶段（包括全年的）的状态转移矩阵进行各个阶段的趋势预测，二是建立全年降水的预测模型，按照模型进行计算输出各个阶段的状态预测结果、预测值以及预测方程。

点击菜单栏上的灌区配水分析子菜单中的降水分析按钮，弹出降水分析界面，选择评价的降水量监测站后点击查询，数据界面上

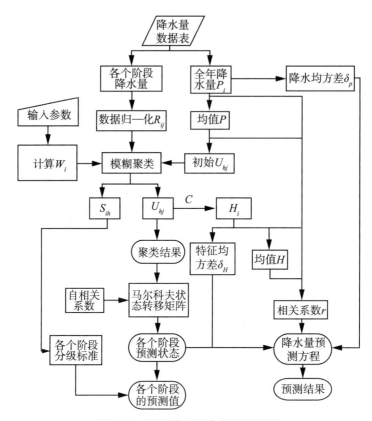

图 6-12　预测模块程序实现流程图

显示选择的各个阶段的降水量数据，选择需要预测的生育阶段，之后点击"预测"按钮，即可得到预测的结果（图 6-13）。点击"整体预测"，弹出降水量整体预测功能实现界面（图 6-14），点击"预测"按钮，可以进行全年各个阶段的数据预测，并输出预测过程中的相关计算信息。

2）作物需水量计算模块的实现

作物需水量计算模块实现读取气象数据，然后利用公式（6-13）进行各个阶段生育期 ET_0 的计算，在根据历史数据计算的 K_c 作物系数，最后进行作物需水量 ET_c 的修正计算。在数据库的设

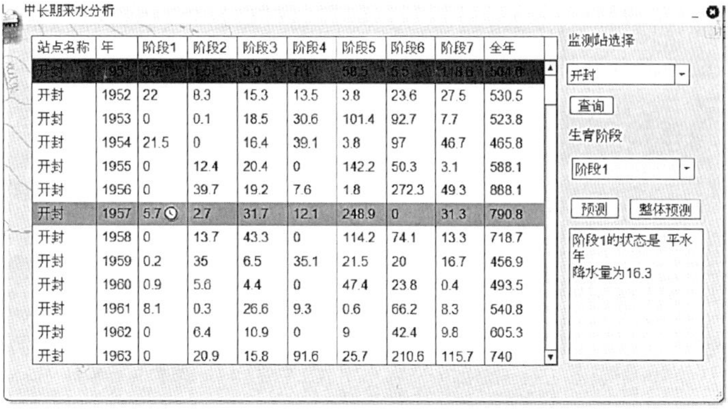

图 6-13　降水量趋势预测功能实现界面

图 6-14　降水量整体预测功能实现界面

计过程中，设置 ET_0 字段，当添加新的气象数据时，可以进行 ET_0 的计算，并保存在数据库中。当需要计算作物的需水量时，可以打开作物需水量计算模块，进行作物需水量的计算。作物修正系数同样保存在系统的数据库中，该功能根据历史数据重新计算，结果保存在数据库中。作物需水量的计算步骤如下：

首先单击作物需水量的预测按钮，弹出作物需水量预测的对话框，如图 6-15 所示。

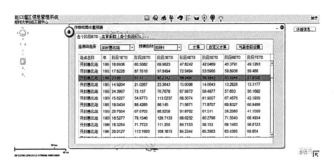

图 6-15　作物需水量统计界面

点击"自定义计算"，弹出如图 6-16 窗口，在该窗口中，能够根据测量出的气象数据进行该阶段的作物参考需水量的计算。

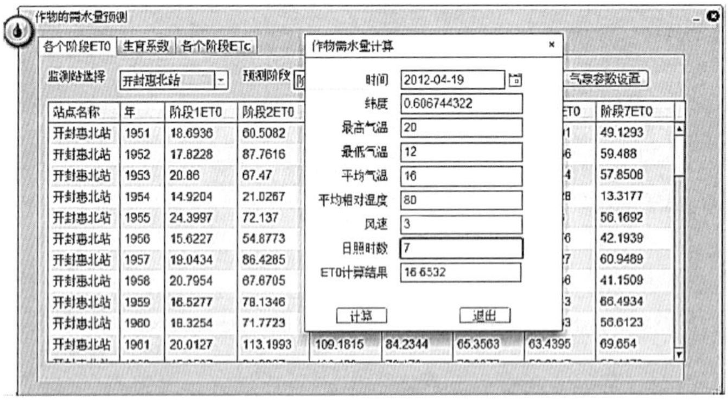

图 6-16　作物需水量计算界面

点击"生育系数"选项卡，显示作物在各个生育期间的修正作物系数。点击"各个阶段 ETc"选项卡，进行作物需水量的计算，并能生成统计图，如图 6-17 所示。

3）灌区优化配水模型的实现

赵口灌区优化配水功能的实现，利用 GIS 的提供的空间分析工具进行建模完成，常见的建模方法是通过网络调用 Geoprocessing 工具。调用的方法有两种：一是使用 Java 后台调用 AO 组件实现工

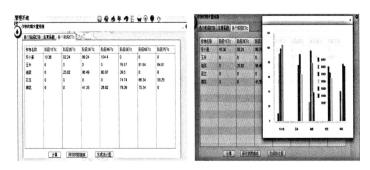

图 6-17 ETc 计算结果与统计图界面

具的调用；二是使用 Geoprocessing Service，在客户端进行输入参数的传入，调用服务器建立的 Geoprocessing Service 服务进行数据的分析处理，输出计算结果并传递给客户端，进行结果显示。

本系统采用第二种方法实现优化配水模型，在开发过程中调用 ArcGIS 本身 GP 工具箱的功能是远远不够的，例如进行空间插值得到的影像是矩形形状的，还需要与灌区的边界进行裁剪运算才能得到分布图。因此，建立的 GP 服务需要重新建模，在 ArcGIS 中可以通过 Model Builderr 可视化环境进行建模从而实现一系列复杂空间分析功能的整合。建模流程为：首先，根据预测得到各个灌溉时段降水量值和计算得出的需水量值，利用 Kringing 插值方式，进行插值计算；其次，将计算出来的分布图和利用 RS 技术处理得到的土壤墒情分布图叠加分析，进行相关运算；再次，进行边界裁剪（Mask）和无效值（Con 函数）剔除处理；最后，将结果作为模型的输出值，进行输出显示。

需要注意的是，在进行空间叠加分析的过程中，要栅格图像的像元值大小保持一致，在该模型中以遥感信息的栅格大小为主，其中进行插值的图像设置 Cellsize（像元大小）为 926×926。

模型计算结果通过 ArcServer 发布，发布后的结果进行 GP 服务测试。发布步骤是：建立 Geoprocessing Service，选择建立的 ArcToolbox 模型，设置服务输出路径和模型的调用方式，本系统采用的调用方式为异步调用方式。

GeoProcessing Service 发布之后，将预测到的降水量结果与作物需水量结果保存到对应监测点的字段中，用于作物灌溉需水计算的数据，然后将需水量的计算模型集成到系统中，实现作物需水量的计算。同理，利用该方法建立作物的需水量统计模型，利用空间统计分析的 Zonal 工具，建立统计公式，根据生成的作物灌溉水量分布图，与灌区内干渠渠系的控制区域图，进行统计分析，得出各个干渠的配水量。依据渠系水利用系数，求出最后各个渠系的配水量。具体操作流程是，点击菜单栏上的"灌区配水分析"子菜单中的"作物优化配水分析"按钮，弹出作物的优化配水分析界面，选择进行计算的生育阶段以及对应的遥感墒情数据，进行计算，如图 6-18 所示。

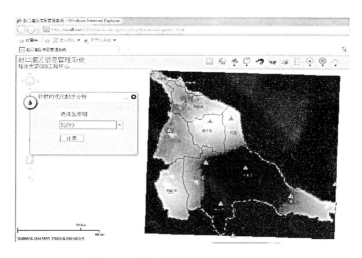

图 6-18　赵口灌区土壤墒情分布图

四、河南省赵口灌区总干渠典型段三维可视化系统

1. 河南省赵口灌区总干渠典型段三维可视化系统总体设计

赵口灌区总干渠典型段三维可视化系统是灌区总干渠典型段三维场景的可视化平台，通过该平台对灌区建筑物进行属性查询、距

离量算以及通过建立路径实现三维场景漫游等。研究内容主要有灌区二维 GIS 和三维 GIS 设计与开发，系统的模块分解，系统总体架构的设计，系统各功能模块的设计，系统数据库选取与设计，以及系统开发平台和工具的选取。

1）系统总体架构

赵口灌区总干渠典型段三维可视化系统采用 Geodatabase 存储后台数据，在 VS 2008 开发环境下选用 C#作为开发语言，前端系统的开发则基于 ERSI 的 ArcEngine 9.3 平台。系统包括三个层次，即数据层、功能层和应用层，如图 6-19 所示。

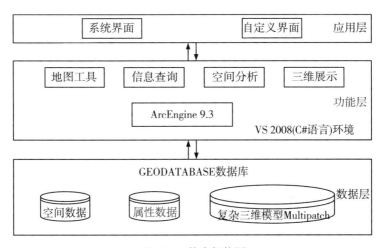

图 6-19 技术架构图

数据层：包括研究区域内各种地理实体的空间数据和属性数据。空间数据包括遥感影像、DEM、二维矢量地图、图像纹理以及建筑物三维模型数据等，采用 Geodatabse 数据库进行存储和管理。

功能层：采用 C#语言和 AE9.3 集成开发，将建立好的三维地形模型、三维地物模型和二维的平面图进行连接，实现对研究区内地理实体浏览和显示、三维漫游以及查询功能，并能对各种地理实体进行二维三维量算、路径分析、缓冲区分析等功能。

应用层：三维可视化系统界面是人机交互的接口，由主菜单、工具栏、状态栏、主窗口区等组成。使用窗口、菜单，图标、对话框等操作来完成系统应用，实现系统与用户的交互。

2）系统功能架构

灌区三维可视化系统作为灌区管理人员规划、建设与日常管理的软件系统，具有以下特点：①将基础地理信息与图形、图像信息相结合，信息集成度高；②具有三维场景动态漫游功能，使用户从整体上更加直观和综合地对灌区状况进行全方位浏览；③具有空间查询与空间分析功能，包括空间信息和属性信息的查询以及几何量算、路径分析、缓冲区分析等。

赵口灌区总干渠典型段三维可视化系统除了具有一般的地图操作功能和视图功能之外，还具有空间查询显示和空间分析功能。系统设计功能模块如图 6-20 所示。

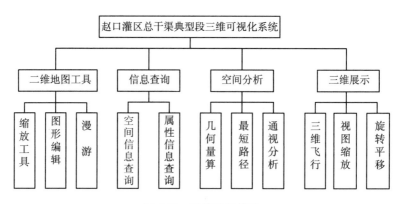

图 6-20　系统功能模块

系统共设计了四个功能模块，包括二维地图工具模块、空间信息查询模块、空间分析模块以及三维展示模块。

地图工具：对系统二维地图和三维场景的操作，包括放大、缩小、漫游、全屏显示、前一视图、后一视图等基本功能；

信息查询：能进行双向查询，点击查看目标的空间信息和属性信息或者由属性信息来查询地理实体等；

空间分析：实现长度、距离量算，最短路径分析、通视分析、坡度分析、水流淹没分析等；

三维展示：能沿着指定的路径或者任意方向进行三维实时漫游，观察灌区内的三维景观，并可以动态地改变动画速度、视点高度、俯仰角和视线方向。

2. 系统数据库设计

ESRI 在 ArcGIS 8 中推出了一种面向对象的空间数据模型——Geodatabase 数据模型，可以在同一个数据库中同时存储与管理空间数据与属性数据，它的开发应用改变了空间数据的存储方式，是 GIS 界重要的创新。

1）Geodatabase 概述

Geodatabase 是建立在 DBMS 之上的智能化、统一的空间数据库。所谓智能化，是指在 Geodatabase 模型中，用户更容易接受和理解地理空间要素的表达；所谓统一，在于前两代的空间数据模型不能统一描述地理空间要素，如矢量、栅格、网络、三维表面等，而 Geodatabase 做到了这一点。它是一种面向对象的新型地理数据模型，利用面向对象技术将现实世界抽象为若干对象类，各个对象类本身都有行为、规则以及属性，但对象类本身没有空间特征；要素类是具有相同行为、规则以及属性的空间对象集合，将有相同参考系统的要素类集合称为要素集。Geodatabase 数据模型包括栅格数据、矢量数据、不规则三角网以及地址和定位这四种地理数据的表现形式。Geodatabase 组织结构如图 6-21 所示。

Geodatabase 使用范围非常广泛，主要有以下特点：①可以表达空间数据之间的相互关系；实现了数据源系统内的无缝集成，是严格意义上的地理空间数据库。②由于对空间数据进行合法性规则检验，空间数据的录入和编辑更加准确。③要素都是连续无缝的，空间数据不再是无意义的点、线、面，而有了具体的含义，更面向实际的应用领域。④多用户并发编辑地理数据，可以更形象地定义要素形状，制作蕴含丰富信息的地图。⑤可扩展的存储方案，即从 PersonalGeodatabase 可以方便迁移到 ArcSDEGeodatabase。目前有两种 Geodatabase 结构：PersonalGeodatabase 和 MultiuserGeodatabase。

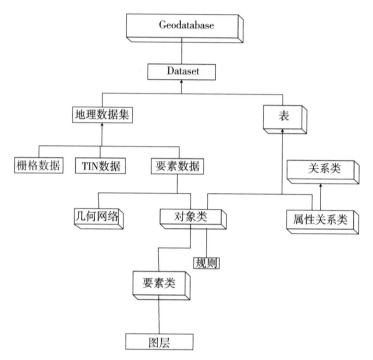

图 6-21 Geodatabase 组织结构示意图

2）系统数据库设计

研究区域所涉及的数据类型丰富，主要包括研究区域的遥感影像数据、纹理图像数据、DEM 数据、二维平面数据、三维模型数据以及属性数据等。赵口灌区总干渠典型段三维可视化系统采用个人 Geodatabase 来存储与管理空间数据和属性数据。系统数据组织如图 6-22 所示。

空间数据可以归纳为两类：栅格数据与矢量数据。其中，遥感影像和纹理图片以及原始 DEM 数据用栅格数据来描述，在 Personal Geodatabase 中，栅格数据可以作为栅格目录表（Raster Catalog）或栅格数据集（Raster Dataset）来存储。由于灌区的栅格数据作为一个整体进行分析，所以采用栅格数据集来存储。首先，在 Geodatabase 中新建一个栅格数据集，然后利用 ArcToolbox 中的数

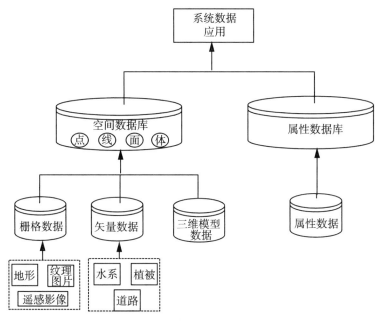

图 6-22　系统数据组织逻辑结构

据管理工具向其中加载添加遥感影像、纹理图片以及 GeoTIFF 格式 DEM 数据；创建好的建筑物、植被等三维模型存储在三维模型库中；系统涉及的空间数据既有空间特征也有属性特征，在二维地图上空间实体被抽象为点、线、面等形式存储在 Geodatabase 中，空间数据库对点、线、面图层进行分类存储和管理。在设计二维矢量数据库时，要考虑专题分层以及对这些图层信息采用何种空间数据组织来表达。二维空间数据库建立的步骤是：遥感影像配准、地图矢量化以及为空间实体添加相应的属性信息等，最后将矢量化、符号化好的各个图层一起保存为 MXD 文档。二维空间数据库图层组织结构如表 6-3 所示。

灌区的属性数据是指用来描述研究区域基本情况的资料，表现、展示研究区域管理、运行现状的各种数据，主要包括研究区概况、水利工程设施、取水与输水系统等。属性数据对应于空间数

表6-3　　　　　二维空间数据库图层组织结构表

类别	要素名	中文名	空间类型	数据类型
植被	FarmLand	农田	面状	Polygon Feature
	Trees	景观树	点状	MultiPoint Feature
	Bushes	灌木丛	点状	MultiPoint Feature
道路	Roads	公路	线状	PolyLine Feature
	Dirt roads	土路	线状	PolyLine Feature
水系	Main canal	干渠	线状	PolyLine Feature
	Branch canals	支渠	线状	PolyLine Feature
	Yellow river	黄河	面状	Polygon Feature
	Ponds	池塘	面状	Polygon Feature
……	……	……	……	……
建筑物	Residential buildings	居民建筑	点状	Point Feature
	Water conservancy constructions	水利工程建筑	点状	Point Feature

据，用来描述空间实体，比如渠道的类型、名称、长度、衬砌类型、流量等。属性数据库采用关系模型组织，由一些关联的二维关系表组成，这些关系表满足列名唯一、各行唯一、各行自上而下的顺序无关、各属性值单一等要求。属性数据库的设计应按照数据库范式的设计要求与原则，减少数据冗余。赵口灌区总干渠典型段三维可视化系统属性数据库存储各种用来描述空间数据的属性信息数据，系统中的数据主要包括各种建筑（如水闸、居民建筑等）、水系、道路和植被的属性信息。其中，属性数据库和空间数据库之间是相互对应的，并通过关键字来相关联。系统数据通过在ArcCatalog中以数据集的形式构建，以Geodatabase数据模型统一管理。

3. 系统开发平台

1）灌区系统开发方式

　　GIS 应用开发可分为独立开发、单纯的二次开发和集成二次开发三种方式。独立开发是完全自主设计数据库与数据库结构，利用通用的编程语言来开发 GIS 软件，开发工作量大，适用于开发商业型 GIS 平台软件；单纯的二次开发是结合具体的应用目标，引用 GIS 软件并利用其提供的工具进行二次开发，这种方法简便易行，但移植性差；集成二次开发是利用专业 GIS 工具软件，采用通用的软件开发工具，特别是可视化开发工具，根据应用领域与系统要实现的具体功能目标进行集成开发。由于独立开发周期长、成本高、技术要求高、难度比较大，而单纯的二次开发则容易为 GIS 工具提供的编程语言所限，因此利用组件技术进行集成二次开发成为主流。目前，集成二次开发主要分为两种方式：一是 OLE/DDE 方式，即采用 OLEAutomation 技术或利用 DDE 技术；二是组件式 GIS 开发方式。

　　2）开发平台和工具选择

　　赵口灌区总干渠典型段三维可视化系统基于 ArcGIS9.3 开发平台，以 VS 2008 为编程开发环境，采用 ArcEngine 组件和 C#语言进行开发，建模工具利用 SketchUp 软件。ArcEngine 的对象与平台无关，是由一组核心 ArcObjects 包组成的，可用于各种编程接口中。ArcEngine 由两个产品组成：一是应用程序能够运行的可再发布的运行时环境（Runtime），二是构建软件所用的开发工具包。开发包里有控件、工具条和对象库三个关键部分，其中，控件是 ArcGIS 用户界面的组成部分，能嵌入到应用程序中使用；工具条作为 GIS 工具的集合，在应用界面上，以工具条的方式展现，在所开发的应用系统中通过它与地理信息交互操作；对象库集合了可编程 ArcObjects 组件，使得开发人员可以根据实际应用开发出不同级别的各种定制的应用。

　　2006 年 3 月，Google 公司推出了免费的 Google SketchUp 建模软件。该建模软件是一个建筑草图软件，能使用户快速和方便地对三维模型进行创建、修改和渲染。SketchUp 本身能自动识别构图的线条，并且可以自动捕捉，所以，在 SketchUp 环境中构建三维模型简洁高效。SketchUp 三维建模流程就是画线成面，然后拉伸成形，并在此基础上根据实际地物的外形与结构调节修改，并赋予材质或贴上真实的纹理图片，并加以渲染。在本系统的三维模型构建或三维虚拟场景建立中，利用插件把 ArcGIS 界面下的二维矢量数据或者遥感影像导入到 SketchUp 环境中作为底图，在此基础上，根据其他资料来实现三维模型或三维场景的构建。SketchUp 能与 GoogleEarth 实现交互建模，可以将在 GoogleEarth 窗口中的遥感影像直接导入到 SketchUp 建立三维模型，然后将此模型放至 GoogleEarth 中共享。

4. 系统二维地图制作与三维场景构建

基于真实数据的三维虚拟环境有助于人们更好地接收、分析和理解信息；只有让构建的三维虚拟场景尽可能的逼真、自然，用户才会产生身临其境的感觉，因此，高仿真的虚拟环境构建技术十分重要。

1) 原始数据获取

原始数据的获取与处理是完成系统的关键，包括空间数据与专题属性数据。如何获取系统所需的空间数据和对各种地物进行三维建模，是建立赵口灌区总干渠典型段三维可视化系统着重需要解决的问题。所需的数据主要包括研究区域高分辨率遥感影像、DEM数据、纹理影像数据以及属性数据等。

(1) 遥感影像。遥感作为地理信息系统中数据源获取的重要手段，具有获取方式多样、信息量大、现势性强、数据更新周期短等优点。高分辨率的遥感影像既可作为建立三维地形模型时的地面纹理数据，也可在影像的基础上矢量化得到研究区域的二维电子地图。本研究采用的是通过 GoogleEarth 获取的一米分辨率遥感影像，为了保证基础地图的清晰度和比例，需对 GoogleEarth 下载的数据进行处理。首先打开 GoogleEarth 并控制高度和比例，划分局部范围截取，然后利用 PhotoShop 软件对局部影像进行拼接，得到研究区遥感影像如图 6-23 所示。

(2) DEM 数据。美国航空航天局（NASA）从 2009 年开始在其官网上免费提供 GeoTIFF 格式的全球数字高程模型（DEM）数据（简称 GDEM）。GDEM 数据记录了从北纬 83°到南纬 83°的地球

图 6-23　研究区遥感影像

区域，每个 GDEM 地形数据文件是用一个 3601×3601 像素的 TIFF 图片来记录地形信息的，覆盖了地面上 1°×1° 的范围，采样精度为 30m，海拔精度可达 7~14m。GeoTIFF 作为 TIFF 的一种扩展，是包含地理信息的一种 TIFF 格式的文件，在 TIFF 的基础上定义了一些地理标签，来对椭球基准、坐标系统以及投影信息等进行定义与存储，这样就可以将地理数据与图像数据存储于同一图像文件中。研究区的 GeoTIFF 格式 DEM 数据如图 6-24 所示。

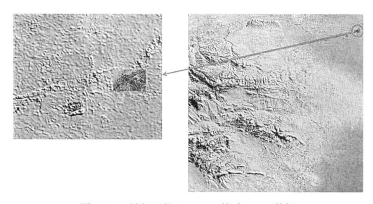

图 6-24　研究区的 GeoTIFF 格式 DEM 数据

DEM 最主要的 3 种表示模型有数字等高线模型、栅格格网

（Grid）模型以及不规则三角形格网（TIN）模型。TIN 模型可以根据地形的起伏变化改变采样点的位置，决定采样点的密度，即能以变化的分辨率来表示复杂的地形。因此，在地形平坦、起伏不大的地区，利用它能避免数据冗余，在地形变化剧烈的地方，也能按地形特征点很好地表达；相对于基于数字等高线表示 DEM 的方法，基于 TIN 的计算效率较高。目前，三维地形建模中，DEM 数据常采用不规则三角网（TIN）模型，ArcScene 环境下，在 TIN 之上叠加遥感影像可以显示灌区地表景观，同时，利用 TIN 与矢量图层的叠加，可以表达矢量要素表面景观。

（3）纹理数据。地表和建筑物顶部的纹理数据从 GoogleEarth 获得，但为了使建筑物三维模型的侧面纹理尽可能逼真，可以用数码相机采集建筑物各方向的纹理影像作为三维模型后期的纹理贴图。一些非典型地物模型的表面纹理，由计算机模拟绘制，其特点是数据量少、建立的模型浏览速度快，但真实感差。

（4）专题属性数据。专题属性数据是描述地理实体属性信息的数据，其中既包括实体名称、实体说明等文本数据，也包括相关的图片等。赵口灌区管理部门提供了赵口灌区总平面布置图、总干渠渠道断面图以及主要水利工程建筑物的结构图等资料，这些平面图都是以 AutoCAD 图形格式存储，在 GIS 建模时，对这些数据进行处理后使用，从中以提取所需的专题属性信息。

2）基础地图制作

（1）影像配准校正。利用的原始数据主要来源于 GoogleEarth 的高精度影像图。首先对研究区的全景遥感影像进行配准和校正，然后进行矢量化，得到所需的二维地图。

（2）矢量化影像地图。本系统把地物分为植被、道路、水系、建筑物等类型，创建了农田、景观树、公路、乡间小路、干渠、支渠、水利设施建筑物、居民建筑物等图层。创建原始数据的过程时，利用 ArcMap 提供的二维地图数据处理工具，在基础影像上创建点、线、面数据类型。根据在数据库创建中所分各图层，依次对不同类型的地物进行矢量化，并保存至相应的图层中，选择相应的符号与颜色，最后进行质量检查与图面整饰，包括线型的质量是否达到要求，各要素间的关系处理是否合理，成图要素图例位置是否合理等。创建的二维地图如图 6-25 所示。

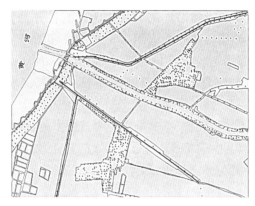

图 6-25 研究区二维地图

3）三维场景的构建

对于真实三维场景的构建，从应用需求的角度，有以下三方面的要求：一是作为对现实世界中的各种三维空间对象"真实的再现"，在几何形状上要求三维模型要同对应的空间对象一致；二是构建的三维场景是对客观现实世界的一种虚拟，因此要求所构建的三维模型要满足视觉上的逼真；三是构建的三维虚拟场景是服务于三维地理信息系统，所以在设计三维景观模型时需要充分考虑 GIS 功能方法的需求。

（1）三维模型构建方法。为了满足构建三维场景应用需求的要求，在实际工作中，可以把构成三维空间可视化表达的模型分成三种：基于几何模型的三维模型构建、基于纹理图像特征的三维模型构建以及基于图形与图像的混合建模方法。本书构建地面三维景观采用了基于图形与图像的混合建模方法。基于图形与图像的混合建模侧重于表达地表真实世界，既能增加场景的逼真性与真实感，也能保证实时性与交互性。

（2）三维地形建模。地形可视化是指对数字地形模型（DTM）数据进行多分辨率表达、三维仿真显示以及网络传输等内容的技术。要实现三维景观比较真实的虚拟显示，地形三维模型的构建很重要，它是灌区三维可视化系统的基础，地物都是建在地面之上的，只有先对地形进行三维建模，才能对地物建模以及进行空间分析。采用二维纹理影像贴图的方式作为最直接并且容易实现的方法，在三维地形建模中广为应用。它是把纹理图像"粘贴"到物体表面而产生真实感。在灌区三维地形生成上，可以将高分辨率的遥感图像等作为纹理叠加到三维地形模型上来实现真实的地形模拟。

（3）地形建模实验。本书采用在由 NASA 免费提供的 GeoTIFF 格式 DEM 基础上生成 TIN，通过后期对 TIN 的处理、编辑，并叠加 GoogleEarth 高分辨率遥感影像来生成三维地形。为验证效果，做实验如下：

选取三类不同的地形，通过实验比较由 30m 格网分辨率的 GeoTIFF 格式 DEM 生成的 TIN 能否初步满足研究区域三维地形建模的要求。

第一种类型属于平原地区。也就是本书的研究区域，地形起伏不大，首先获取原始影像数据和 GeoTIFF 格式 DEM，然后对遥感影像进行配准、校正，对原始 DEM 数据进行裁剪、坐标转换，最后在 ArcScene 中把预处理好的在同一坐标系下的遥感影像和 TIN 叠加在一起初步生成三维地形，如图 6-26 所示。

第二种类型属于丘陵地带。起伏不太大、坡度较缓和，生成的三维地形如图 6-27 所示。

第三种类型是山地。如山西忻州某地，峰峦起伏、坡度陡峭、地形复杂，生成三维地形如图 6-28 所示。

通过以上实验可知：对于起伏不大、坡度缓和的丘陵地区，生成的三维地形最好，层次清晰、立体感强；对于峰峦起伏、坡度陡峭的山地地形，生成的三维地形效果最差，存在着地形表示变形以及小山峰难以表现的问题；对于地形起伏不大的平原地区，初步生成的三维地形效果一般。利用 GeoTIFF 格式 DEM 处理后得到的 TIN 基本能满足生成三维地形的要求。本书采用 30m 格网的 GeoTIFF 格式的 DEM，来初步生成 TIN，然后在生成的 TIN 之上添

图 6-26　初步生成的研究区三维地形

图 6-27　广州某地三维地形

加细部要素，来表示地形变化与展示三维地形景观。

　　4）三维地形构建

　　三维地形建模的具体实现流程如图 6-29、图 6-30 所示。

　　（1）坐标转换。原始 GeoTIFF 格式 DEM 是 WGS84 地理坐标系，经过预处理的高分辨率遥感影像是在 Xian80 投影坐标系，所以首先要对 DEM 进行坐标转换和重投影。利用 GlobalMapper 软件

图 6-28　山西某地三维地形

| 原始格网DEM | 坐标转换 裁剪 | 研究区格网DEM | 生成TIN |

| 实体TIN | 叠加三维 | 边缘处理 | 叠加细部要素 |

图 6-29　三维地形处理流程

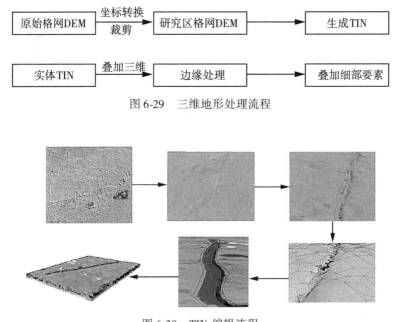

图 6-30　TIN 编辑流程

打开原始 DEM，并利用重投影工具把原始的 DEM 由 WGS84 地理
坐标系转换到 Xian80 投影坐标系，这样遥感影像才能叠加到 DEM

上。依据外业实测 GPS 点和灌区提供的高程数据，实现 WGS84 大地高程到西安 80 的坐标转换。

（2）裁剪与编辑。经过预处理的 DEM 和遥感影像已经处于同一坐标系下。首先用 ArcMap 中的 Clip 工具，以遥感影像覆盖区域做参考来裁剪 DEM，裁剪后的 DEM 数据作为三维地形建模的基础，然后利用 3DAnalyst 工具把裁剪后的 GeoTIFF 格式的 DEM 数据设置好参数来生成研究区域 TIN 格式的数字高程模型。

TIN 的编辑采用 ArcObjects 提供的接口（ITinSurface）及其 InterpolateShape 方法，用 VC++开发来编辑它，对不符合地形现状及规划要求的地形进行局部纠正，此方法需要编程实现。本书采用 ArcGIS 自带的工具以及 SketchUp 三维建模软件来对 TIN 进行精细编辑，效果良好。具体实现步骤如下：

根据赵口灌区管理局提供的资料解析出总干渠的 85 高程数据，在 ArcMap 中打开经过预处理的遥感影像，把总干渠部分矢量化成面状图层，并参考高程数据使此面状图层三维化，然后将此细部要素添加到初步生成的 TIN 之上，如图 6-31 所示。同理，还可以根据研究区实际情况为 TIN 添加其他细部要素。

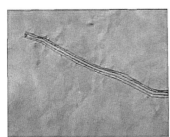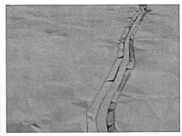

图 6-31　增加细部要素后的 TIN

从图 6-31 看出，增加细部要素后，要素边缘过于突兀粗糙，所以用 SketchUpESRI 插件把它导入到 SketchUp 中。参考遥感影像，利用 SU 中的 SandBox 工具对 TIN 进行精细编辑。编辑后，把三维模型导出为 Multipatch（.mdb）格式文件并存入 Geodatabase

里面，作为三维地形模型。

（3）TIN 边缘处理。生成的 TIN 只表示地形表面，为了使三维地形模型在 ArcScene 中更加真实、直观地反映真实的地形，需要对 TIN 的边缘进行处理。首先，沿研究区遥感影像范围矢量化一个线状图层并使其三维化，然后，把此线状图层作为要素叠加到 TIN 底部，设置好参数重新生成的"实体" TIN 就能更好地表示真实地形。在 ArcScene 中旋转"实体" TIN，可以发现，此时它的底部是没有封闭的，可以沿研究区影像矢量化一个面状图层并将其 Z 值设为 0 米，叠加至"实体" TIN 底部，能更加逼真地显示三维地形景观。

（4）叠加影像和要素。叠加遥感影像：在 ArcScene 环境中，添加研究区高分辨率遥感影像，并将影像图叠加到编辑后的 TIN 上，即纹理粘贴。在灌区三维地形中，树木等要素的 3D 模型导入可以增强地形的空间立体感，树木模型可以从 ArcGIS 自带的三维模型库中选取或者采用由 SketchUp 创建的三维树木模型，将树木等要素的三维模型导入到 ArcScene 中，最终形成研究区三维地形景观如图 6-32 所示。

图 6-32　灌区三维地形模型

5）三维地物建模

利用三维建模工具构建空间对象逼真的三维模型，ArcGIS 9.3 直接支持三维模型格式有 3DSMax 格式（.3ds），SketchUp 格式

（.skp）与 MultigenCreator（.flt）格式等。为了尽量使三维场景更加真实，并且数据量不太大，综合各方面因素，选择 SketchUp 软件来完成建模任务。SketchUp 是 Google 公司提供的三维建模共享软件，是一套直接面向设计方案创作过程的设计工具。用户利用该工具建立三维地物模型，并通过插件导入到 GoogleEarth 中与其三维地形数据相结合，从而使 GoogleEarth 地图更加具有立体感，更加接近真实世界。本书采用的是 ArcGIS 与 SketchUp 交互建模，利用 SketchUp 强大的建模功能，在矢量图层或者遥感影像的基础之上，对研究区域中的点状、线状以及面状地物贴上纹理，建立真实感较强的三维地物模型，这种交互建模的前提是安装 SketchUp6 ESRI 插件，这样在 SketchUp 中建立的三维模型是带空间参考的，因此可以方便地作为空间分析的数据源。

赵口灌区的地物景观主要有建筑物（水闸、居民建筑等）、道路、农田、水塘、树木等。对于点状要素树木而言，可以通过 SketchUp 中的 Freehand 工具实现树木的精确建模。网络空间模型库中有丰富的 .skp 格式的树木模型资源，对于一些常见的树种，可以下载并加以编辑后使用。地理环境中的建筑物等通常以面状要素表示，具有面积、周长等特征。构建地面建筑物三维模型时，首先在确定的底面上勾勒出建筑物的大致轮廓，通过拉伸、挤压等操作来建立建筑物主体部分，然后绘制屋顶。建立模型时，要参考建筑的图片以及属性信息来对其进行精确建模。

以赵口灌区的渠首闸为例阐述三维地物模型构建的过程：首先在 ArcMap 中打开影像底图，通过插件将带有空间坐标参考的影像导入到 SketchUp 中，根据影像上赵口闸轮廓勾勒出底面；然后将底面沿垂直方向拉高，得到闸的大致框架，在此基础上进行调整，包括柱子、窗户等的绘制；最后对各部分贴上纹理图片实现渠首闸的模拟，如图 6-33 所示。

5. 系统实现

河南省赵口灌区总干渠典型段三维可视化系统的开发结合灌区的特点与实际需要，设计了文件功能模块、查询功能模块、量测功能模块、空间分析等功能模块。

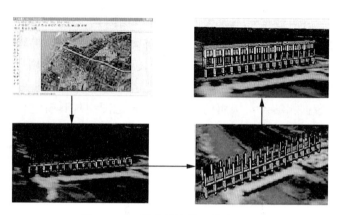

图 6-33　三维建筑物模型构建流程

1）系统显示界面

系统的二维和三维操作界面如图 6-34 所示。

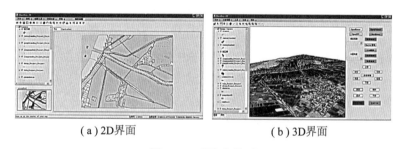

（a）2D界面　　　　　　　　　　（b）3D界面

图 6-34　系统主界面

2）文件与视图

文件功能包括加载 Map 文件、加载要素、保存文件、另存文件等。在二维地图窗口或三维场景窗口，通过视图功能来实现图形的浏览，包括视图缩放、旋转平移以及漫游、导航等。ArcEngine 平台下的 ArcObjects 开发包中提供 ToolbarControl，利用它，可以加载已封装好的工具，用于 MapControl 和 SceneControl 中。

（1）二维场景。对二维地图文件的操作，如打开 mxd 文件、保存、另存为、添加 shp 文件、添加 lyr 文件等，对打开的各个图层放大缩小、旋转平移等操作以及图层编辑功能。

①打开 mxd 文件：新建一个项目，添加需要的控件，如 MapControl、TOCControl 等，在文件菜单下添加"添加 Mxd 文件"，双击为其添加事件，并编写代码。

②图层操作：对于 MapControl 控件，在 ArcEngine 中找到与放大缩小、旋转平移、打开文件、保存文件等在 ArcMap 中经常用到的命令相对应的命令，这些命令都在 Controls 库中。在二维窗口下，开发了对图层的编辑功能，如画点、画线、画多边形等等。以添加 shp 文件为例，可以在目前窗口中添加新的 shp 文件。

同样，还可以创建打开文件、保存文件、退出、放大、缩小、漫游等。各主要命令所对应的类见表 6-4。

表 6-4　　　　　　　　　　　主要命令

功　能	类	事　件
放大	ControlsMapZoomInTool	设置 CurrentTool
缩小	ControlsMapZoomOutTool	设置 CurrentTool
添加数据	ControlsAddDataCommand	OnClick（）
打开文件	ControlsOpenDocCommand	OnClick（）
查找	ControlsMapFindCommand	OnClick（）
属性工具	ControlsMapIdentifyTool	设置 CurrentTool
开始编辑	ControlsEditingStartCommand	OnClick（）
停止编辑	ControlsEditingStopCommand	OnClick（）
保存编辑	ControlsEditingSaveCommand	OnClick（）
选择 Feature	ControlsSelectFeaturesTool	设置 CurrentTool
测量工具	ControlsMapMeasureTool	设置 CurrentTool

227

功　能	类	事　件
创建路径（网络分析）	ControlsNetworkAnalystRouteCommand	OnClick（）
清除选择	ControlsClearSelectionCommand	OnClick（）
最短路径	ControlsNetworkAnalystSolveCommand	OnClick（）
属性编辑	ControlsEditingAttributeCommand	OnClick（）
编辑工具	ControlsEditingEditTool	设置 CurrentTool

③鹰眼功能的实现：通过鹰眼，用户可以很方便地查看视图窗口的地图在整张地图中的位置。鹰眼的实现方式是用一个 MapControl 控件显示地图全图，并在上面画一个红色矩形框表示当前地图的显示范围。首先添加一个 MapControl 用于显示鹰眼，在将地图载入到主 Map 控件的同时也将该地图载入到鹰眼控件。

（2）三维文件视图。三维场景部分包括打开 sxd 文件，对三维场景进行包括放大缩小、漫游飞行、旋转等视图操作，而且具有打开 Raster 文件并渲染，打开 TIN 文件并拉伸和渲染等功能。

①打开 sxd 文件实现图层操作：在 ArcEngine 中提供了与地图控件类似的、用于三维场景展示的控件 SceneViewerControl，通过该控件，可以方便地显示三维数据。在三维场景的 Form 上加载 AxSceneControl 控件后，可以添加代码来实现加载 Scene 文件的功能。由于 TOCControl 关联 AxSceneControl 控件后，在图层窗口不能对图层进行任何操作，所以需要设计对图层的操作功能，并添加代码来实现。还可以实现复制图层、图层上移、图层下移、刷新窗口等功能，这样就能对在三维环境打开的图层进行操作。

②渲染 Raster 文件：加载 DEM 数据需要用到 Scene 和 SceneGraph 组件类。Scene 是一个用于显示、处理矢量数据、栅格数据以及图形数据的容器，通过该组件的 IScene 接口，实现了控制 Scene 的方法以及属性，比如使用 AddLayer 方法，可以向场景中增加一个图层，SelectionCount 属性用于获取选择的实体数目。

SceneGraph 则是一个用来记录在 Scene 中出现的事件与数据的容器，该组件类实现了 ISceneGraph 接口，提供了控制和处理 Scene 中图形的方法和属性，比如使用 Locate 方法可以实现通过点击场景中的任意点来定位一个空间对象，RefreshViewers 用于重绘所有的视图，Remove 用于删除角色的一个对象。此功能可以打开 . tif 格式的栅格文件，也可以打开 ArcGIS 的 . adf 的 TinGrid。如打开一幅 tif 格式的 DEM，然后根据地面高度划分的高程层，为每层设置不同的颜色，称为地貌分层设色法。利用分层设色的方法，可以使地貌高程的分布以及它们之间相互的对照显得更加鲜明，实现分层需要使用组件类：AlgorithmicColorRamp、RgbColor、Raster-ClassifyColorRampRender 和 TinElevationRender 等。对栅格 DEM 渲染的结果如图 6-35 所示。

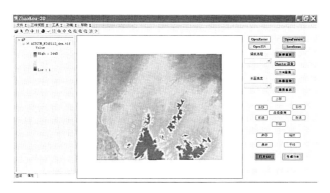

图 6-35　渲染后的格网 DEM

　　③拉伸并渲染 TIN：对于地面起伏不大的区域，通过垂直拉伸，可以用于强调地形表面细微的变化。在创建地形数据的可视化时，如果表面的水平范围远远大于垂直变化，可以应用本方法。当区域的垂直变化很大时，可以使用分数作为垂直拉伸的系数。垂直拉伸适用于场景中的所有图层。通过改变图层 Z 值的转换系数，可以对单个图层进行拉伸，如图 6-36 所示。

　　3）查询功能

　　（1）二维视图查询功能实现。二维视图的查询包括点击查询

229

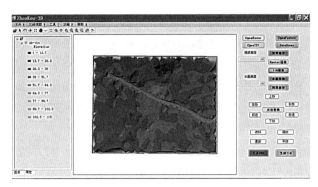

图 6-36 拉伸与渲染后的 TIN

图形信息和由属性来查询图层信息两种功能，其中，图查属性是设计窗体加载 TreeView 控件，利用 Identity 工具来选取目标，把空间地物的属性信息显示出来；而属性查图是输入查询条件，获取查询目标。

（2）三维窗口中的查询。通过在 SceneControl 控件中点击，来查询空间对象是三维场景开发中的组成部分。它主要通过 AxSceneControl 的 SceneGraph. LocateMultiple 获得点击到的对象 IHit3DSet，然后通过 IHit3D 获取到 IHit3DSet 的元素。

4）量测功能

（1）二维地图量测。

长度量算：直线段或折线段由点组成，矢量图形平面上的长度量算是基于二维空间中直线段两端点之间的距离公式，折线为各段求和。

面积量算：梯形法是求面积的主要方法之一，基本思路是：按照多边形各个顶点的顺序首先依次求出组成多边形的所有边与 X 轴或者 Y 轴共同组成的分块梯形的面积，然后对各块的面积求代数和。

已知条件：(X, Y) 为多边形的顶点坐标，多边形的形状为凸、凹多边形均可，顶点顺序按照顺时针方向或者逆时针方向均可。

$$(x_1, y_1), (x_2, y_2), \cdots, (x_n, y_n)$$

其中按顺时针坐标点排列的面积为正值，而按逆时针坐标点排列的面积为负值，考虑到计算的面积可能为负值，因而对最终结果取绝对值。面积计算公式为：

$$A = \frac{1}{2} \mid s \mid = \frac{1}{2} \left| \sum_{i=1}^{n} x_i (y_{i+1} - y_{i-1}) \right|_{y_{n+1}=y_1}^{y_o=y_n} \qquad (6\text{-}17)$$

在二维地图上进行面积量算结果如图 6-37 所示。

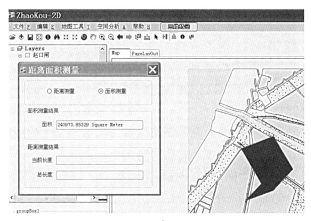

图 6-37　二维面积量算

（2）三维景观系统交互测量功能。交互式测量是在系统的三维显示窗口内画折线或者直线来量算平面距离。它是使用测量工具在系统的三维显示窗体内画线，在画线的同时，通过鼠标点击事件来获取线上每一节点的坐标信息，并以此为基础来实现测量功能。系统采用 SceneControl 作为三维显示的窗口，AO 中只提供二维画线方法，所以实现量算的关键在于在 SceneControl 中画线。在系统中通过调用 GDI+中的 Graphics 类来实现在三维窗口画线。但直接调用 GDI+中的 Line 方法则会造成屏幕画面闪烁，为解决此问题，采用 C#中的双缓存绘图技术。整个过程由鼠标事件引发，实现方式为：鼠标首次单击时，复制当前三维窗口中的内容到内存中的 Image 对象中，首次单击点作为线段的初始点。移动鼠标时，复制 SceneControl 初始状态，然后将当前临时线段绘制到该副本上，最后用副本内容取代前一对象的内容，鼠标双击表示结束画线，根据已获得的节点坐标，通过坐标转换，来计算线段信息。

5）空间分析功能

系统二维场景实现了叠加求交、缓冲区分析、最短路径等一些空间分析功能。这里主要阐述在三维场景内的一些空间分析功能，也就是在数字高程模型的基础上，利用空间分析算法来获取研究区域中与空间特征相关的一些信息的过程，如坡度分析、通视分析等。

（1）坡度分析。坡度即水平面与局部地表之间的正切值，它包含两个部分：斜度和坡向。斜度即高度变化的最大值比率，坡向即变化比率最大值的方向，计算坡度时，将对 TIN 中的每个三角面或栅格中的每个单元进行计算。对于 TIN 而言，坡度是各个三角面之间最大的高程变化率。对于栅格而言，坡度是每个栅格单元与其相邻的 8 个栅格单元中最大的高程变化率。在众多计算方法中，求解坡度与坡向的最佳方法是曲面拟合法。用 3×3 的窗口来代替曲面拟合法中的二次曲面，如图 6-38 所示。

a	b	c
d	e	f
g	h	i

图 6-38　3×3 窗口计算坡度

坡度计算公式为：

$$Slope = \arctan \sqrt{Slope_{we}^2 + Slope^2 sn} \qquad (6\text{-}18)$$

式中，Slope 为坡度；$Slope_{we}$ 为 X 方向上的坡度；$Slope_{sn}$ 为 Y 方向上的坡度。其中，$Slope_{we}$ 与 $Slope_{sn}$ 的计算方法有很多，由于研究区域地形起伏不大，根据实际情况本系统采用的是三阶反距离权差分算法：

$$Slope_{we} = \frac{(c+2f+i) - (a+2d+g)}{8 \times cellsize} \qquad (6\text{-}19)$$

式中，cellsize 为栅格 DEM 的格网间隔。

坡度分析需要用到以下几类：Point、RasterWorkspace、RasterBand、PixelBlock 和 DblPnt。Slope 命令对输入的栅格图进行计算，并生成一幅新的栅格图像，这幅新的图像中的每个栅格单元都包含计算得到的坡度值。坡度值越小，表明区域地形越平坦；坡度值越大，则表明地形越陡峭。以度数法生成的坡度图且经过渲染后结果如图 6-39 所示。

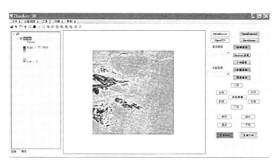

图 6-39　在格网 DEM 基础上生成并渲染的坡度图

（2）通视分析。作为空间分析中一项重要的内容，GIS 通视分析在实际工作中有着很广泛的应用，比如设置火警观察站，建立电视台发射塔以及铺架通信线路，等等。通视分析按照可视性的维数不同，可以分为点通视、线通视和面通视三类。观察点与目标点之间的通视问题称为点通视，观察点的视野范围称为线通视，而面通视则是计算观察点可视的地形表面集合的问题。以上三种通视分析基本的方法和思路都是一样的，但在输出分析结果时维数是不同的。

设 $A(X_A, Y_A, H_A)$ 和 $B(X_B, Y_B, H_B)$ 为任意 2 个地面点，$P_i(X_i, Y_i, H_i)$ 为 AB 连线与格网边的交点。设 P_a 为交点中最高的点，则：

$$H_a = \max\{H_i\} \tag{6-20}$$

设 S_{AB}，h_{AB} 分别为 A 至 B 的水平距离和高差，则 AB 连线的坡度为

$$\tan \alpha = \frac{h_{AB}}{S_{AB}} \tag{6-21}$$

设 S_{Aa} 为 A 至 P_a 的水平距离, 则 P_a 点处 AB 连线的高程为

$$H_a' = H_A + S_{Aa} \times \tan\alpha \qquad (6-22)$$

若 $H_a \geqslant H_a'$, 则 A 与 B 通视; 否则不通视。精确通视分析时, 则还应考虑 P_a 点处是否有地物或植被及其高度, 以便判断地物或植被是否影响通视。

由于通视分析使用的方法 Visibility 只适用于表面, ArcEngine 没有提供对于 TIN 表面的分析方法, 只提供了基于格网 DEM 的通视分析。本系统实现了点的可视域分析, 从本质上讲, 可视域是两点间通视计算在面域的实现, 指在一个观测点上能观察到的范围, 可分为可视的格网单元和不可视的格网单元。

6) 渠系水流的三维模拟

自 20 世纪 90 年代以来, 利用 GIS 技术进行洪水淹没分析一直是研究热点之一, 很多学者在这方面做过研究, 并取得了一定的进展。有的学者以水文分析作为出发点, 侧重于洪水淹没的原理以及其形成机制, 没有充分运用 GIS 技术所具有的强大的图形化功能和空间分析功能, 从而没能将分析计算结果三维可视化, 影响洪水计算的精度; 有的学者是利用矢量数据, 结合地表径流分析计算, 但是不少研究仍然是基于传统的二维 GIS 技术, 没有充分利用三维 GIS 所具有的可视化分析功能, 因而无法准确、直观地反映洪水的空间分布情况。可视化技术具有能够再现真实事件的特点, 能使人在三维世界中对洪水演进的现象和规律进行观察、操作和分析, 实现洪水演进过程。本研究将 GIS 技术和三维可视化技术进行融合应用在动态洪水仿真模拟的研究中。

在 DEM 的基础之上确定给定水位条件下的淹没区域可以分为两种情形: 一是将高程低于给定水位的点都计入淹没区; 二是考虑到"流通"淹没, 即洪水只能淹没它所能流到的地方。以上的这两种情形分别被称为"无源淹没"与"有源淹没"。对"无源淹没"而言, 相当于整个地区均匀降水, 结果是所有低洼的地方都有可能积水; 而"有源淹没"则是相当于高处的洪水向邻域泛滥, 比如暴雨引起的洪水四处扩散或者是洪水决堤时的情形。本系统采用的是高程平铺模型, 经过前期数据获取处理后, 已经得到研究区域的三维地形模型, 将二维 GIS 强大的空间分析功能、真实三维

地形等技术运用到灌区总干渠典型段水流的模拟研究中。高程平铺模型是利用研究区的数字高程模型，在水位以下则被认为是淹没区，反之则不属于淹没范围，利用三维 GIS 可视化功能对淹没过程进行模拟。具体实现是从 TIN 的底面生成一个矢量多边形，不断改变其 Z 值，在下一个多边形生成之后，把之前的多边形删掉，并在最后刷新视图实现总干渠水流淹没的动态显示模拟。实现的过程如图 6-40 所示。

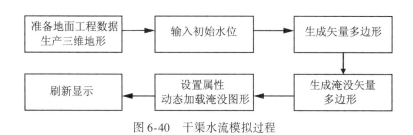

图 6-40　干渠水流模拟过程

设置好参数，运行系统的干渠水流演进模拟功能，效果如图 6-41 所示。

图 6-41　干渠水流演进模拟效果图

第七章 GPS 在南水北调中线河南郑州段施工中的应用

　　工程测量贯穿南水北调工程施工的整个过程，工程测量组就成为项目施工管理的一个主要技术部门，在南水北调工程测量实施过程中需要具备的测量仪器主要有全站仪、水准仪和 GPS。在渠道平面坐标控制上主要用到全站仪和 GPS，全站仪是比较普遍的测量仪器，相对于 GPS，它具有实用、精度高、受环境因素影响小、价格适中、使用费用低等优点，但随着工程技术的发展，GPS 在工程测量中逐步推广使用，与全站仪相比，它具有机动灵活、功能全面、工作效率高等优点。在 GPS 技术不断更新的同时，测量精度也在不断提高，南水北调中线河南郑州段工程项目使用中海达 GPS V8，它的测量精度可以控制在 10mm 以内，可以满足绝大部分南水北调工程的测量放样需求。

　　中海达 GPS 在南水北调工程上的用途主要体现在渠道碎步测量（包括点放样、线放样、断面测量、道路放样等）、平面控制网布设以及地形测量等。中海达 GPS V8 采用的是 Hi-RTK 软件，此软件分为道路版（Hi-RTK Road）和电力版（Hi-RTK Electric）两个部分，常用的是道路版。首先，打开手簿，手簿系统启动后点击桌面上的"Hi-RTK Road. exe"快捷图标，打开手簿程序，界面上会显示"项目"、"GPS"、"参数"、"工具"、"测量"、"道路"、"配置"、"关于"、"退出" 9 个图标（图7-1），界面顶端显示当前项目名称（UnNamed 为系统默认项目名称，可在"项目"菜单中新建自定义命名）。

236

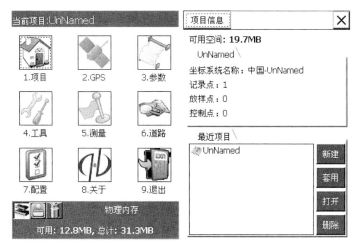

图 7-1   中海达 Hi-RTK Road 主界面

第一节   RTK 野外作业

RTK 野外作业常称为碎步测量，RTK 野外作业的主要步骤为：设置基准站、求解坐标转换参数、碎部测量、点放样、线放样等。GPS 所接收到的为 WGS-84 坐标系下的数据，而南水北调中线工程设计阶段测量采用的 1954 北京坐标系（3°带），所以就得运用 RTK 中的坐标转换功能进行转换，主要转换方法有：平面四参数转换+高程拟合、三参数转换、七参数转换、一步法转换、点校验，工程用户通用的方法是平面四参数转换+高程拟合。

一、平面四参数转换+高程拟合

1. 架设基准站

基准站可以架设在已知点或未知点上，平时为了使用方便，会在项目营区内部选择合适的点作为基准站，基准站架设点必须满足：高度截止角在 15°以上，开阔且无大型遮挡物；无电测波干扰（200m 内没有微波站、雷达站、手机信号站等，50m 内无高压线）；位置比较高；具有同一坐标系下的三个已知坐标点。基准站应设在固定位置，在后期使用时只需将基准站设备架设好，打开已有项目即可使用。

2. 新建项目

点击手簿桌面的"Hi-RTK Road. exe"快捷图标，打开手簿程序。点击"项目"图标，新建项目并命名。然后点击界面左上角"项目信息"下拉菜单，对坐标系统进行更改（手簿系统默认源椭球一般为 WGS-84，当地椭球为北京 54），然后点击界面右上角保存按钮。

3. GPS 连接基准站

在手簿程序界面打开"GPS"菜单，然后点击"连接 GPS"，会出现 GPS 连接设置界面，对手簿型号、端口、波特率、GPS 类型进行设置，然后点击"连接"，屏幕自动蓝牙搜索设备（蓝牙搜索距离宜 10m 以内），搜索到基准站主机编号之后连接此设备，如图 7-2 所示。

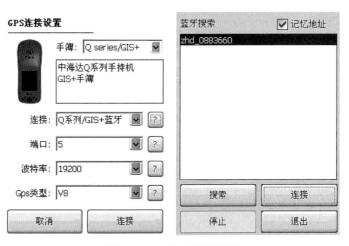

图 7-2　GPS 连接设置界面

4. 设置基准站

在 GPS 界面中点击左上方"接收机信息"，首先，选择"天线设置"，对基准站的天线高进行设置，然后退出界面，点击基准站设置，再点击"平滑"按钮（平滑过程中不可移动基准站设备），平滑完成后按"√"保存；然后，点击下方图标"数据链"，数据链选择"内置网络"、"GPRS"（常用模式，使用移动信号，如果使用电台则选择"内置电台"），服务器 IP、分组号、小组号则由 GPS 仪器卖方提供，如图 7-3 所示。点击"其他"按钮，差分模式选择 RTK，电文格式选择 RTCM（3.0）（图 7-3 中为 RTCA），高度截止角一般设置为 10（高度截止角越小，接收卫星数目会越多，但随着卫星信号通过电离层、对流层的长度增加，其可靠性越差，测量值中引入粗差的可能性也增大，因此理论上希望高度截止角越大越好；但如果截止角过大，可能造成该观测时段中观测到的卫星总数不足，一般至少有 5 颗卫星才能得到固定解，无法解算或达不到规范规定的要求，因此截止角应适度选取，一般在 10°～15°之间。高度截止角的设置对基线解算的影响主要反映在单站数据的质量上，选取合适的数值可提高单站的数据质量，工作时可以凭经验调节）。最后，点击界面右下角的"确定"按钮，基准站主机下方指示灯会每秒钟绿、黄灯交替闪烁，基准站设置成功。

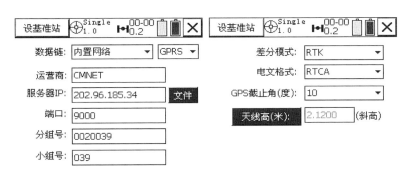

图 7-3　GPS 数据链

5. 连接移动站主机

手簿与移动站主机连接（使用 UHF 电台时，将差分天线与移动站 GPS 主机连接好；使用 GPRS 时，不需要差分天线）。

打开移动站主机，将工作模式调整至"GSM 移动台"，然后用连接主机同样的方法将手簿连接移动站主机，等待移动站主机锁定卫星（主机会语音提示"锁定了"、"连上了"）。进入移动站设置界面，在"数据链"和"其他"界面选择、输入的参数和基准站一致，然后点击"确定"。

6. 采集控制点坐标

选择主界面上的"测量"选项，进入"碎步测量"界面，如图 7-4 所示。

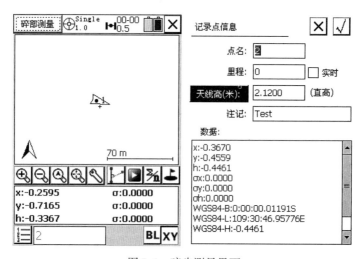

图 7-4　碎步测量界面

解状态分为：无解（主机未锁定 GPS 状态）、单点（主机未连接 GPS 状态）、已知点（手簿连接基准站主机状态）、浮动（RTK 为浮动解状态，此情况在主机刚开机搜索 GPS 时出现，也可能是主机连接卫星数目少或者粗差较大）、伪距（伪距差分模式，当基准站主机连接状态出现问题时移动站手簿常常会显示浮动解，然后变化为伪距解）、固定（RTK 为固定解状态，此时的测量数据才可用）。

将移动站主机用三脚架架设在源控制点上（也可以直接用手持杆，但没有三脚架稳定）对中、整平，在"碎步测量"界面创建记录点库，当手簿界面出现固定解状态，点击右下角的![图标]或手簿键盘"F2"键保存坐标，在出现的"记录点信息"界面中输入点名和天线高。用同样的步骤进入下个源控制点的坐标采集，但点名是在第一个点号的基础上系统默认自动累加，所以就需要根据实际情况修改点名，采集两个源控制点完成。

7. 求解转换参数

打开手簿主程序，点击进入"参数"界面，选择左上角下拉菜单中的"参数计算"，如图 7-5 所示。计算类型选择"四参数+高程拟合"，高程拟合类型选择固定差改正，然后点击左下方的"添加"按钮，每一次添加都会弹出图 7-5 右边部分的界面，源点选择记录点库中的源控制点坐标（点击![图标]从坐标点库提取点的坐标），在目标坐标中输入对应点的当地控制网坐标（施工使用坐标），然后点击"保存"。添加两个采集到的源控制点之后就可以点击左上图右下方的"解算"按钮，这时会弹出求解好的四参数，最后点击运用。

注：四参数中的缩放比例为一非常接近 1 的数字（一般为 0.999x 或 1.000x），越接近 1 越可靠，高程中误差表示点的平面和高程残差值，如果解算结果超过要求的精度限定值，则说明测量点的原始坐标或当地坐标不准确（也有可能是采集源控制点过程中错误操作），残差大的控制点，不选中坐标点前方的小勾，不让其参与解算，所以在采集源控制点坐标时，尽可能采集两个以上的点，以便于求解。求解满足精度要求之后，就可以使用此项目对进行解算的源控制点以外的控制点进行校核，如果满足精度要求此项目即可用，到此建立基准站完成。

8. 碎部测量、放样

1）碎步测量

碎步测量适用于没有特殊位置要求的测量工作，一般为野外地

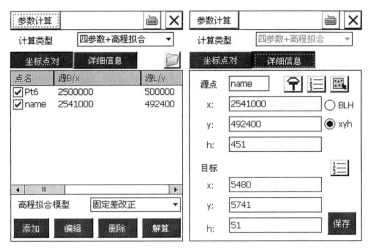

图 7-5　转换参数

形测量、渠道随机测量等工作。碎步测量的采点步骤和"求解参数转换"中采集源控制点坐标一样，在碎步测量界面，可以点击屏幕左下角 图标进入记录点库，可以查看所采集点坐标信息，并可以对记录点进行编辑。

2）点放样

在碎步测量界面点击左上角下拉菜单，选择"点放样"，会弹出如图 7-6 所示界面。

点击屏幕左下方 ➡️，会出现右上方的界面，点击 ≡ 从放样点库中选取放样坐标（也可进行手动输入），然后点击"√"回到主界面，屏幕下方会提示放样点的距离方位。

3）线放样

点击碎步测量界面左上角下拉菜单，选择"线放样"，会弹出如图 7-7 所示界面，点击 📄 按钮，选择放样线段类型，以直线为例，在弹出的右下方界面里有"两点定线"、"一点+方位角"两个模式，一般常用"两点定线"，选择两点定线会出现起点和终点两个坐标输入框，可以现场采点或者选取放样点库坐标，然后在界面

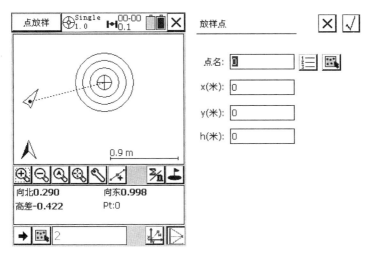

图 7-6　点放样界面

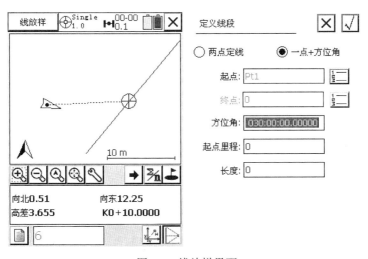

图 7-7　线放样界面

最下方 "起点里程" 位置输入起点里程，碎步测量界面会显示当前放样里程及偏距。

　　注：放样点库文件后缀为 ".skl"，需要首先建立一个后缀为

"．txt"（文本文档）的文件，然后在 Excel 工作簿中将编辑好的点（格式一般为：点号，X，Y）复制到文本文档中，保存后把文本文档后缀"．txt"修改为"．skl"，然后复制到手簿项目文件夹中即可。

4）道路放样

在渠道线放样工作中经常会用到渠道中心线放样，然后根据桩号、偏中距进行测量工作，当总干渠中有圆弧、多个直线段时，就需要用道路放样功能。

在手簿主界面选择"道路"图标，进入界面后，点击左上方下拉菜单，选择"平断面编辑"，会出现如图 7-8 所示界面，一般常用线元法进行编辑。首先需要在起点处输入起点坐标、里程

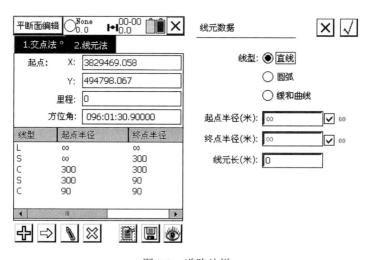

图 7-8　道路放样

（如果渠道开始桩号为 SH（3）197 + 408.1，则起点里程为197408.1）、方位角，然后点击屏幕左下方的 ✚ 按钮，会出现右下方的界面，接着选择线型，直线只需输入线元长，圆弧需要输入起点、终点半径、线元长、圆弧方向，然后根据实际情况逐个添加，在编辑完成之后，项目会自动生成一个后缀为"．sec"的文件。然

后点击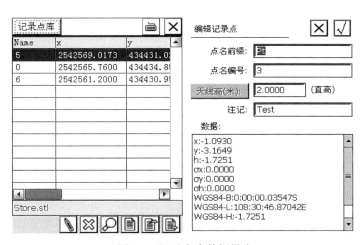可以预览查看图形是否正确，在以后使用中点击线元法界面下方的⬚按钮，导入此文件，然后选择屏幕左上方下拉菜单，回到道路放样界面，渠道的桩号、偏中距就会在界面下方显示。

9. 记录点库数据导出

野外测量过程中采集到的坐标数据会保存在记录点库中，在碎步测量界面左上方下拉菜单中选择记录点库，如图 7-9 所示，每个记录点都可以点击⬚在弹出的右下方界面中进行编辑。

图 7-9　记录点库数据导出

每次在记录点库导出时，首先要点击⬚按钮，打开需要导出的记录点库，然后点击⬚按钮，在"导出记录点库"界面下方选择导出格式，常用格式包括：AutoCAD 图（＊.dxf）、Excel（＊.csv）、南方 Cass7.0（＊.dat），点击"确定"，就完成点库导出。一般导出文件会保存在路径 \ NandFlash \ Project \ Road 下，找到相应的项目，即可找到导出数据。

二、工　　具

选择手簿主界面菜单中的"工具"图标，点击左上方下拉菜

单，会有"角度换算"、"坐标换算"、"面积计算"、"距离方位"、
"间接测量"、"夹角测量"六个功能，我们常用的功能主要有"角
度换算"、"面积计算"和"距离方位"。

1. 角度换算

打开"角度换算"界面，如图 7-10 所示，在弧度、角度、度
分秒中输入任意一个值，点击"换算"，即可转换成另外两个格式
的值。

图 7-10　角度换算

2. 面积计算

面积计算有图选法和列表法两种计算方法，图选即直接在屏幕
缩略图中选择需要计算面积的点，如图 7-11 左边部分，会出现周
长和面积的计算结果，面积有平方米和亩两种换算单位。

如果选用列表法，则需要将点添加到列表中，列表中的点可以
编辑、删除，插入需要计算面积的点之后点击"计算"，屏幕会直
接弹出如图 7-11 右边部分，结果格式与图选法相同。

3. 距离方位

可以计算任意两点间的平面距离、空间距离和方位角，在图
7-12 界面中，A、B 两点坐标可以通过手动输入、从坐标库活图上

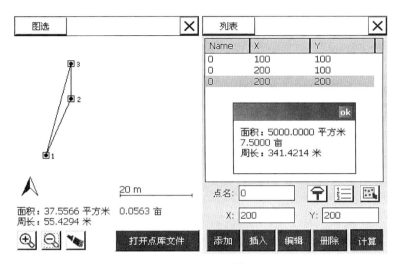

图 7-11 面积计算

读取等方法输入，点击"计算"即可得出计算结果。

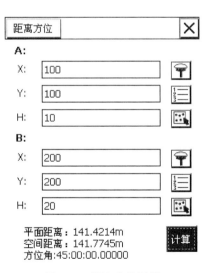

图 7-12 距离方位计算

第二节　平面控制网测设

南水北调中线工程各施工标段测量人员开工需要做的首要工作是交接首级控制网，并进行渠道加密控制网（D 等）布设，这就需要运用 GPS 进行平面控制网测量。

一、静态测量

首先需要准备的测量设备及材料主要有 GPS 主机、GPS 主机连接螺栓、三脚架、基座、尺子、电源及备用电池、对讲机、测量记录表。

静态测量首先要从一个或者两个首级控制点开始测量，至少要具备三台 GPS 主机（更多的 GPS 主机能更有效率地完成静态测量），静态测量无需在 GPS 主机中插入 SIM 手机卡。在每位测量人员都到达控制点后，将基座架设在三脚架上对中整平，然后将主机放置在基座上，之后通知各个控制点测量技术人员同时开机，将 GPS 主机工作模式调整至"静态"，当主机提示"连上了"时，GPS 主机会 5 秒闪烁一次指示灯，表示主机开始工作，然后用测量记录表记下测量控制点点号、开机时间、天线高、GPS 主机编号。测量时间以 1 小时为宜（可以根据测量规范相应控制网等级规定时间选择），测量数据会在之后的平差过程进行修剪。

下面以最简闭合环的基线数为 3 作为示例进行说明（即使用三台 GPS 主机进行测量），在静态测量时间达到 1 小时之后，每个 GPS 主机关机，并记录测量结束时间。在首级控制点上的 GPS 主机移动至另外一加密控制点，另外两个 GPS 主机保持不动（测量方式如图 7-13 所示），然后以此类推，以线条加粗部分为共有边进行三角网测量，每次移动一个控制点上的 GPS 主机，保持整个控制网在一个闭合多三角网络中。

注：在静态测量过程中，尽量不要在 GPS 主机旁边接听电话或者进行其他干扰，当在静态测量过程中个别 GPS 主机出现意外（断电或者移动）时，应立即通知其他测量控制点的技术人员记录

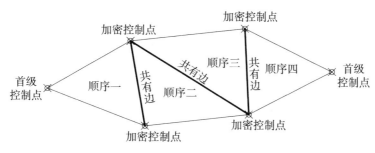

图 7-13 静态测量

下出现测量意外的时间，由此时间点开始继续测量 1 小时，以保证测量数据的完整和结果的精度。

二、数据处理及平差

在整个控制网测量完毕之后，用数据线将 GPS 主机与电脑连接，然后打开主机内存卡，将静态数据导出。静态数据要先进行修改，双击静态数据文件（后缀为 ＊.ZHD），然后输入天线高并修改名称（每个静态数据都以测量点命名），如图 7-14 所示，此数据的点号为 MDB1、天线高为 1.425m，然后将静态数据按 GPS 主机型号进行分类。

图 7-14 数据处理及平差

常用 HDS2003 GPS 后处理软件解算 GPS 静态数据，静态数据处理一般分为以下几个步骤：

1. 新建项目及项目属性设置

打开软件"HDS2003 数据处理软件包"，点击"新建"，会弹出"新建项目"对话框，然后输入项目名称，并选择项目文件存储路径，点击"确定"之后，软件会弹出"项目属性设置"对话框，在控制网等级中选择所加密控制网的等级，然后选坐标系为北京-54，中央子午线为 123，投影方式为高斯投影三度带，完成设置。项目属性设置界面如图 7-15 所示。

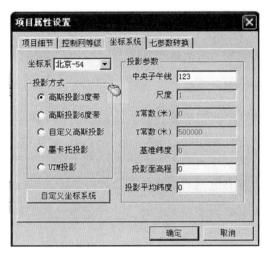

图 7-15　项目属性设置界面

2. 导入数据

项目新建完成后，点击主界面左上方"项目"下拉菜单中的"导入"，然后会弹出"数据导入"对话框，选择需要导入的数据类型，以"中海达 ZHD 观测数据"为例，确定后选择所要平差的数据文件，然后点击"打开"，数据导入完成。导入数据界面如图 7-16 所示。

3. 基线处理

在数据导入完成之后，系统会显示所有的 GPS 基线向量，点

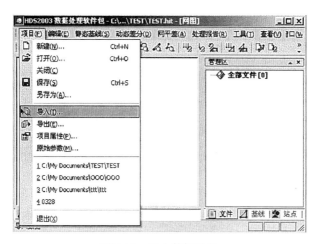

图 7-16 导入数据界面

击菜单 "静态基线"，选择 "处理全部基线"，如图 7-17 所示，系统会采用默认的基线处理设置处理所有的基线向量。

图 7-17 静态基线

基线处理过程中，可以在网图中看到全部基线的处理过程及情况，在基线处理过程中标记红色的基线为正在处理；当所有浅色线条变为深黑色，则表示全部基线处理完毕。基线处理是整个平差过程中的重点，一般情况下，使用系统默认设置进行基线处理往往会有个别基线不合格，这时就需要点击"网图"右边的"列表"查看基线处理结果，然后点击上方的"Radio"，列表会自动排序，不合格的基线每行最前端会出现感叹号，如图 7-18 所示，这些基线在网图处理完毕之后基线仍旧是浅色，它们需要单独处理，在不合

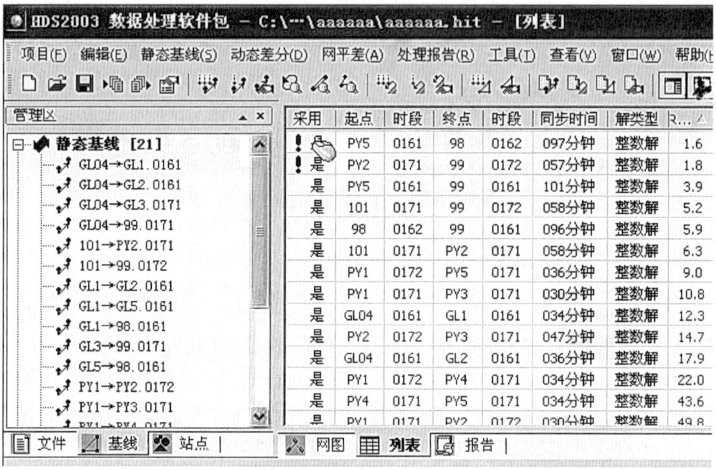

图 7-18　基线的处理

格基线对应的行点击鼠标右键，如图 7-19 所示，选择"选定基线处理设置"选项，会弹出如图 7-20 所示对话框，主要通过修改"数据采样间隔"和"截止角（度）"来对不合格基线进行修复。一般情况下，截止角越小，数据粗差越大，整数解误差会相应增大，Radio 也会随着增大。修改"数据采样间隔"的大小会影响基线观测数据图数据线条的上下波动幅度。选择不合格基线，然后点击主界面下方的"观测数据图"，会出现这条不合格基线的数据图，如图 7-21 所示。

　　整条基线越接近中间那条直线，表明数据越精确，然后点击"下一个"，逐个卫星数据图就会出现，往往不合格的基线线条会出现很大波动或者断开的情况，这时就需要删除此段不合格数据，

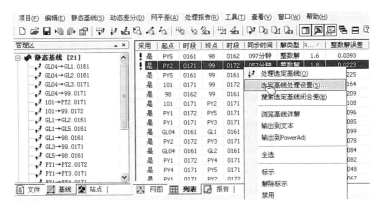

图 7-19　不合格基线的处理

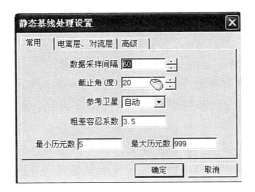

图 7-20　基线处理设置

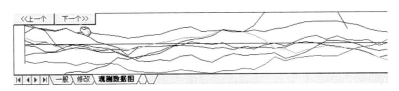

图 7-21　观测数据图

在观测数据图属性区中找到对应的卫星号（以卫星号 13 号为例），然后选择不合格段（图 7-22），再单独处理这条基线，此段不合格数据将会被删除，而基线列表中的属性"Radio"和"整数解误

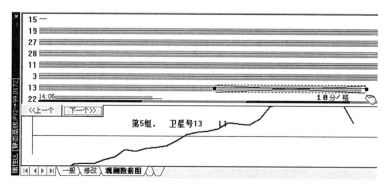

图 7-22 不合格基线处理

差"两项参数会随着变化，如果误差在允许范围内，则此条基线前方的感叹号将会消失，如此往复对每条不合格基线进行处理（这往往也需要个人经验，因为数据选取具有随意性）。当全部基线处理合格之后，点击主界面菜单"静态基线"选择"搜索重复基线"，完成之后再选择"搜索基线闭合差"，最后再进行"搜索闭合环"。完毕之后就需要修改观测站点已知坐标（图 7-23），选

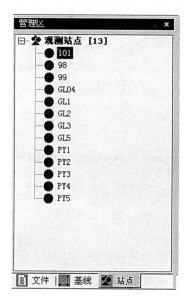

图 7-23 修改观测站点已知坐标

择"管理区"的"站点"选项，然后选中已知控制点，在主界面下方的"属性区"点击"修改"，在是否固定选项选择"是"，固定方式选择"XYH"，然后输入固定坐标的 X、Y 和 H 值。随之网图中的站点将会变成红色三角形形状（图 7-24），整个基线处理结束。

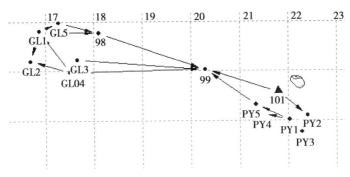

图 7-24　网图中的站点显示图

4. 网平差

当基线处理完毕之后，在菜单"网平差"中选择"平差设置"，会弹出"平差参数设置"对话框，在"平差设置"中勾选"二维平差"和"高程拟合"，然后点击"网平差"菜单中的"进行网平差"，在弹出的提醒对话框中点击"确定"，在网平差结束之后会弹出"是否查看网页报告"，选择"是"。于是整个初步的网平差报告就会形成。但需要注意的是，在"计算区"会提示"建议修改协方差比例系数"，双击这行提示，就会出现"参考因子"（图 7-25），然后将此参考因子输入到"平差设置"对话框中的"协方差比例系数"中，点击"确定"之后重新选择"进行网平差"，软件将根据修改过后的协方差比例系数重新进行网平差，至此，网平差结束。

5. 生成平差报告

在网平差结束之后，就会在"报告"界面显示评查结果，如果"中误差"和"相对误差"都在测量规范允许的范围内，则整

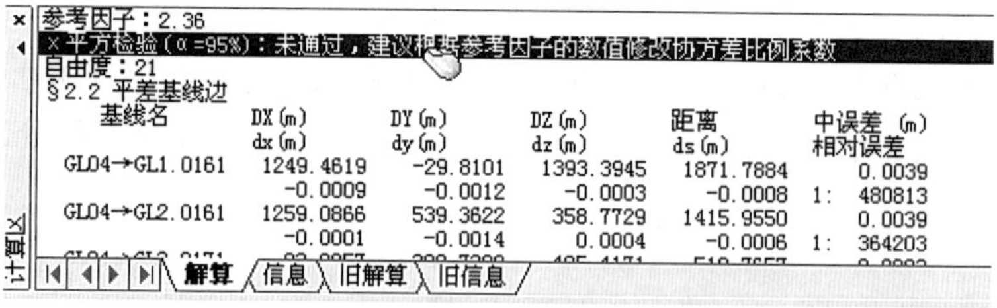

图 7-25　参考因子

个静态数据平差就完成了。最后，根据需要制作平差文本报告，并生成纸质文件，整个平差文件还需要附上"测量记录表"，以确保平差报告的严密性。

参 考 文 献

［1］ 邬伦，刘瑜，张晶，等．地理信息系统——原理、方法和应用．北京：科学出版社，2001.

［2］ 龚建雅．地理信息系统基础．北京：科学出版社，2001.

［3］ 张成才，秦昆，卢艳，等．GIS空间分析理论与方法．武汉：武汉大学出版社，2004.

［4］ 张成才，许志辉，孟令奎，等．GIS水利地理信息系统．武汉：武汉大学出版社，2005.

［5］ 李天文．GPS原理及应用．北京：科学出版社，2003.

［6］ 孙家柄．遥感原理、方法和应用．北京：科学出版社，1997.

［7］ 陈阳宇，等．数字水利．北京：清华大学出版社，2011.

［8］ 李桂芬，王连祥．水力学与水利信息学进展．北京：中国标准出版社，2003.

［9］ 李纪人，黄诗峰．3S技术水利应用指南．北京：中国水利水电出版社，2002.

［10］ 魏明果．3S集成及其在水利工程建设物流管理中的应用．物流管理，2007，19：6-7.

［11］ 林健．运用3S技术进行水利工程建设管理的探讨．科技创新导报，2012，1：204.

［12］ 赵白瑕，刘文国，朱燕．3S技术在山东省三大水利工程中的应用．山东水利，2005，1：46-47.

［13］ 符忠帅．3S测量技术在水利工程测量中的研究应用．中国新技术新产品，2010，8：85.

［14］ 张友静，李浩，丁贤荣，等．3S集成及其在水利工程中的应用．水利水电科技进展，1997，17（5）：24-28.

[15] 王仁礼，陈波，杨阳，等. 3S 技术在数字水利中的应用. 测绘科学，2008，33（3）：210-212.

[16] 刘现伟，刘长武，武文红. 3S 技术在水利工程普查中的应用. 山东水利，2011（9）：18-22.

[17] 张加义. 3S 技术在水利工程中的应用研究. 现代农业科学，2008，15（10）：118-119.

[18] 熊士胜. 3S 技术在水利系统建设中的应用研究新疆农业大学，2002.

[19] 毛广元，李宁，赵莹. 3S 技术在水利信息化中的应用与展望. 内蒙古水利，2009（6）：84-85.

[20] 孙春玲. GIS 及其在水利工程及管理中的应用. 黑龙江水专学报，2004，31（2）：106-107.

[21] 李彪. GIS 在陕西水利工程建设与管理中的应用初探. 陕西水利水电技术，2001（79）：62-64.

[22] 钱励，钱红钢. GIS 在水利工程建设与管理中的应用. 中国农村水利水电，2004（24）：60-61.

[23] 杨立晋. GPS（RTK）技术在水利工程测绘中的应用. 水利科技与经济，2010，16（12）：1426-1427.

[24] 陈郁明. GPS RTK 技术在水利工程测量中的应用. 科技资讯，2010（13）：46.

[25] 任建江，李冬梅，严新军. GPS 测量技术在水利工程高精度变形监测网中的应用. 水利水电技术，2011，42（2）：79-82.

[26] 王国强. GPS 技术在石山水库工程项目中的应用. 水利科技与经济，2010，16（12）：1428-1429.

[27] 高连胜. GPS 技术在水利工程测量中的应用. 测绘与空间地理信息，2010，33（3）：166-167.

[28] 刘福廷，唐义兴. GPS 技术在水利工程测量中的应用. 东北水利水电，2007，25（4）：69-70.

[29] 陈衍德. GPS 技术在水利工程勘察中的应用研究. 山东大学，2009.

［30］高元. GPS 技术在水利工程中的应用研究. 内蒙古科技与经济, 2010（14）：96-97.

［31］李建新. GPS 技术在水利工作中的应用. 科学之友, 2011（8）：156.

［32］胡水平. GPS 系统在水利工程测量中的应用. 科技论坛, 2009（10）：5.

［33］刘旭春, 潘雄. GPS 在水利工程中的应用概况及发展趋势. 水利科技与经济, 2006, 12（9）：643-645.

［34］黎晶晶, 彭绍才, 龙振华. GPS 在水利工程中的应用现状及问题分析. 农田水利, 2011, 22（5）：37-38.

［35］洪海. GPS 在水利工程中的应用综述. 水利科技与经济, 2009, 15（2）：168-170.

［36］殷海峰. GPS 在水下地形测量中的研究与应用. 清华大学, 2008.

［37］胡瑞鹏, 祁勉, 黄少华. VR-GIS 技术在水利工程"视算一体化"系统研制中的应用. 湖北大学学报（自然科学版）, 2009, 31（3）：248-251.

［38］于景杰. 刍议测绘新技术在水利工程中的应用. 黑龙江水利科技, 2010, 38（1）：217-218.

［39］黄锐, 乔�, 于磊. 海河流域 3S 技术应用研究与实践. 水利信息化, 2011（S1）：26-29.

［40］徐淑芳, 陆建平, 陈军冰, 等. 基于 GIS 组件开发 B/S 结构的水利工程管理系统研究. 水科学与工程技术, 2008（6）：35-36.

［41］陆建平, 徐淑芳, 陈军冰, 等. 基于 GIS 组件开发的水利工程管理系统研究. 水利水文自动化, 2009（1）：1-4.

［42］李闯. 基于 Web 的水利建设工程质量监督系统的设计与实现. 吉林大学, 2007.

［43］吴苏琴. 基于计算机技术的水利工程管理信息化系统研究. 西安理工大学, 2010.

［44］张华, 朱建华. 基于三维 GIS 的水利工程选址的研究. 海洋

测绘，2003，23（6）：34-37.

[45] 王龙宝，赵杰．基于物联网的水利施工机械远程智能监控系统研究．水利经济，2012，30（1）：31-35.

[46] 吕能辉，甘郝新，刘敏．基于遥感与 GIS 一体化的水利应用简介．人民珠江，2010（6）：82-84.

[47] 张鹰，丁贤荣，丁坚．利用 RS+GIS 量测水深的可能性．河海大学学报，1997，25（2）：34-38.

[48] 吴江南，王根英．浅谈 3S 技术在水利工程地质勘测中的应用与发展．科技资讯，2010（17）：38.

[49] 许俊杰．浅析 GPS 高程测量在水利工程中的应用．科技情报开发与经济，2007，17（22）：268.

[50] 马艳艳．全球定位系统（GPS）技术在水利工程中的应用．山东水利，2009：15-17.

[51] 乔群博，苏佳凯．遥感技术在水利行业的应用．中国新技术新产品，2010（14）：26.

[52] 张云芬．GPS 多天线阵列大坝变形监测与灾害预报系统．昆明理工大学，2005.

[53] 杨光，何秀凤，华锡生，等．GPS 一机多天线在小浪底大坝变形监测中的应用．水电自动化与大坝监测，2003，27（3）：52-54.

[54] 叶慧聪．大坝安全监测系统数据采集与分析及其实现．湖南大学，2010.

[55] 钟登华，宋洋．大型水利工程三维可视化仿真方法研究．计算机辅助设计与图形学学报，2004，16（1）：121-127.

[56] 徐晓华，李征航，罗佳．隔河岩大坝 GPS 形变监测数据分析．测绘信息与工程，2001，31（3）：30-33.

[57] 周建军．隔河岩大坝变形及高边坡 GPS 自动化监测系统．人民长江，1998，29（11）：44-45.

[58] 李雅宁，刘利，郭长起．基于 GIS 的水电施工管理辅助系统的实现．黑龙江水利科技，2010，38（6）：41-43.

[59] 张伟波，朱慧蓉．基于 GIS 的水电施工总布置可视化信息系

统设计与实现. 计算机辅助工程, 2003 (3): 65-68.

[60] 陈豪. 基于 GIS 的小湾电站坝基监测信息系统构建与分析. 昆明理工大学, 2008.

[61] 徐卫超, 田斌. 基于 GIS 平台的大坝安全监控系统实现方法研究. 三峡大学学报 (自然科学版), 2003, 25 (4): 298-300.

[62] 肖泽云, 田斌. 基于 GIS 平台的大坝安全监控系统研究与应用. 水利水电科技进展, 2010, 30 (5): 48-52.

[63] 程燕, 田斌, 朱婷, 等. 基于 GIS 平台的大坝安全监控信息管理系统. 水电能源科学, 2008, 26 (3): 77-79.

[64] 张海平, 袁永博. 基于 GIS 水电站施工进度三维可视化模拟. 水科学与工程技术, 2007 (1): 36-38.

[65] 王浩军. 基于 WEB 架构的大坝安全监控管理系统若干关键技术的研究. 浙江大学, 2005.

[66] 王伟, 沈振中. 基于 MapInfo 平台的大坝安全监测信息管理系统. 水电能源科学, 2007, 25 (4): 76-78.

[67] 何金平, 施玉群, 廖文来, 等. 基于 GPS 技术的大坝位移监测系统. 仪器仪表学报, 2004, 25 (4): 438-440.

[68] 王士军, 董福昌, 崔信民, 等. 水库大坝安全信息三维可视化系统开发. 水电自动化与大坝监测, 2008, 32 (2): 50-51.

[69] 杨光, 彭林, 何秀凤, 等. 新技术在大坝安全监测中的应用. 人民黄河, 2003, 25 (12): 43-45.

[70] 高晶. 基于 GIS 和模型的南水北调东线江苏段生态环境质量评价. 南京农业大学, 2009.

[71] 徐鹏炜, 赵多. 基于 RS 和 GIS 的杭州城市生态环境质量综合评价技术. 应用生态学报, 2006, 17 (6): 1034-1038.

[72] Wang X Y, Pullar D. Deseribing dynamic modeling for landseapes with vetor map algebra in GIS [J] ComPuters and Geoseienees, 2005, 31 (8): 956-967.

[73] 曹小娟, 曾光明, 张硕辅, 等. 基于 RS 和 GIS 的长沙市生

态功能分区．应用生态学报，2006，17（7）：1269-1273.

[74] 张克斌，李瑞，夏照华，等．宁夏盐池植被盖度变化及影响
因子．中国水土保持科学，2006，4（6）：18-22.

[75] 中华人民共和国水利部标准．水土保持实验规范（SD239—
97）．北京：水利电力出版社，1986.

[76] 陈克亮，朱晓东，朱波，等．川中紫色土区旱坡地非点源氮
输出特征与污染负荷．水土保持学报，2006，20（2）：
54-58.

[77] 郭永鑫，杨开林，王涛．地理信息技术在长距离输水工程选
线中的应用．第三届全国水力学与水利信息学大会论文
集，2007.

[78] 邹贵武.3S 技术在集成物流系统中的应用研究．长安大
学，2009.

[79] 杨武飞．基于 GIS 的物流管理平台的应用研究．浙江大
学，2006.

[80] 刘钰，Pereira L. S. 气象数据缺测条件下参照腾发量的计算方
法．水利学报，2001，32（3）：11-17.

[81] 宋妮，孙景生，王景雷，等．气候变化对长江流域早稻灌溉
需水量的影响．灌溉排水学报，2011，30（1）：2428-2432.

[82] 阚瑷珂，王绪本，高志勇，等．基于地理处理建模的珍稀特有
植物空间分布识别方法．地理与地理信息科学，2009，25
（5）：30-33.

[83] 江波，朱春琳，朱志军.GPS 技术在小浪底大坝变形监测中
的应用．河南水利与南水北调，2009（7）：130-131.

[84] 倪志华，王庆勇.GPS 技术在某水库大坝变形监测中的应用.
新疆水利，2011（5）：32-35.

[85] 北斗卫星导航系统：互动百科．［EB/OL］http：//www.
baike. com.

[86] "资源三号"卫星：互动百科．［EB/OL］http：//www. baike.
com.

[87] 北斗卫星导航系统简介：北斗系统官网．［EB/OL］［2010-

01-19〕http：//www. beidou. gov. cn/2010/01/15/20100115510
f45f47f984c489ba2d69406e47ca8. html.

［88］北斗卫星导航系统后年覆盖亚太定位精度达 10 米：中新
网．〔EB/OL〕〔2010-01-18〕http：//www. chinanews. com/
gn/news/2010/01-18/2076434. shtml.

［89］龚振文．GPS 测量技术在水利工程中的应用．云南农业大学
学报，1999，14（2）：238-240.

［90］刘培青．基于 MapGis 的水利水电工程地质选址评价方法研
究．广西质量监督导报：51-52.